はだかの起原

不適者は生きのびる

島　泰三

講談社学術文庫

みまかりし母に捧ぐ。

目次

はじめに――ナリンダ湾、一九九九年夏……………10
第一章　ヒトの裸の皮膚は自然淘汰で生じたはずはない……21
最適者とは何か？／絶滅した動物は不適者か？
リマ＝デ＝ファリアの『選択なしの進化』とウォレス
ダーウィンは「自然淘汰」説を放棄した
水中動物について／暑さと人間の毛の位置について
髪の問題は通りすぎる
第二章　ダーウィンは変だ……………………………41
ダーウィンはなぜ例外を説明しないのか？／時代的背景
増加の幾何比の幻想／「増加の幾何比」は食物で崩壊する
ダーウィンは数の増加を抑える要因を知っていて
第三章　ダーウィンは裸の起原を解明できない……………57

性淘汰とは何か？／人間の裸の皮膚は性淘汰で説明されるか？
人間の裸化はなぜ起こったのか？——ダーウィンの説明
ダーウィン病からの脱却
第四章　裸の獣……77
裸のけものたち／裸の哺乳類の共通点／大型哺乳類の物理学
熱時定数／大型哺乳類の例外と例外的哺乳類
裸の子どもたちはどうなる？／ゾウの赤ちゃんの防衛態勢
第五章　特別な裸の獣たち……105
コビトカバ——謎のトンネル／バビルーサ——古い謎と新しい謎
ハダカオヒキコウモリ——空飛ぶ謎／ハダカデバネズミ——謎の中の謎
第六章　裸体化仮説……124
胎児化仮説／胎児の裸は成人の裸と関係ない／自己家畜化仮説
デズモンド・モリス——裸のサルの苦闘／耐久走仮説

第七章　人類海中起原説……141
ライアル・ワトソンによる海中起原説の説明
海中で直立二足歩行が始まるか？／海中起原説への反論
海中起原の痕跡？／人間の発汗システムは海中で始まったか？
汗腺の問題／皮下脂肪と食物供給の問題／海の惨劇
第八章　突然変異による裸の出現と不適者の生存……173
ヌードマウス／「不適者の生存」を実現する「重複する偶然」
人類のただ一種にだけ起こった偶然／不適者の生存
第九章　火と家と着物と……186
ホモ属と現代人の起原／着物の起原／家と火の起原
北京原人は火を使ったか？／灰の層は火を使った跡か？
家の起原／一八〇万年前の最古の家？
第十章　ネアンデルタールの家……209
ネアンデルタールの家といわれる遺跡／焚き火の跡とネアンデル

タールの分布／ネアンデルタールが絶滅したわけ
第十一章　裸の人類はどこで、いつ出現したのか？……226
現代人と文化の起原――マクブリーティとブルックスの仮説から
現代人革命はなかった？／遺伝学から見た現代人の起原
第十二章　重複する不適形質を逆転する鍵は？……241
声を出す機構／重複する不適形質
ネアンデルタールは言葉を持たなかった
アフリカの高原から氷河期とともに
オーリニャック文化／しかし、巨大前頭葉は……
おわりに――アンタナナリヴ、二〇〇三年夏……259
講談社学術文庫版へのあとがき……265
注……283
引用・参考文献……286

資　料……299

本文イラスト：笹原富美代

はだかの起原

不適者は生きのびる

はじめに——ナリンダ湾、一九九九年夏

陽が傾いて、ようやく凌《しの》ぎやすくなった。トタン葺《ぶ》きの民家の屋根の間に海が見えるホテル・ナリンダのテラスに出て、町歩きから戻ってきた雑賀《さいが》青年と白いテーブルに坐る。にこにこ顔の若いウェイターが、紅茶とビールを持ってきた。

「マダガスカルの焼け野原の広さは、本当に衝撃的ですねえ。こんなところでアイアイとか、野生の動物の保護が本当に実現できるのかって、深刻になってしまいましたよ」と、雑賀さんは眉をひそめた。

実際、この巨大な島の焼け野原は日本の全国土面積よりも広い。西部では、このアナラバを北端とするマナサムディ山地と世界遺産に指定された石灰岩台地のベマラハ山地にしか、アイアイが棲むほどの自然の林は残っていない。東部の熱帯雨林ではともかく、西部の乾燥地帯のアイアイの絶滅は時間の問題であり、この地域のアイアイを、たとえ飼育下でも繁殖させようというのは、そのためだった。

「そうでしたね、とうとうアイアイの赤ちゃんが生まれましたね。おめでとうござい

ます」

　私としては夢想から一五年間、構想一〇年、実行七年目の成果なので、雑賀さんのお祝いの言葉は実にうれしい。その間に、私はアイアイの特別な歯と指の形の意味を解きあかし、その手法で人類の直立二足歩行の起原に迫ることができた。これ、もう話したね？

「いいえ、聞いていませんよ」と、若者は正直に冷淡である。

　そうかなあ。昨晩の女王の招宴で飲みすぎて、忘れてしまったんじゃないの？　たしかにそれは熱帯の夜にふさわしい饗宴だったけれど、砂の広場の隅のたった二つだけの裸電球では、女王の美貌も、もともと色白とは言えない豊満な体軀の踊り手たちの姿も、輪になって歌い踊るたくさんの人々も暗がりの中にとけ込んで、夢幻《ゆめまぼろし》のごとくだったからねえ。

「マダガスカル西海岸を北から南まで制覇しているサカラヴァ族の三人の女王の一人ですからね。ドクトルがビデオを撮っているのを見て、びっくりしましたよ。ふつうなら打ち首です。女王様のビデオはもちろん、写真も撮ってはいけないんですって」

　それは聞いていなかったし、止める人もいなかったから撮影したけれど、さすがの日本のハイテク機械でもあれだけ暗いと、まったくぼんやりしていた。

「昨晩の話はともかくとして、解明したという人間の起原の話をしてくれませんか？ぼくは人間がどうして二本足で立つようになったのか、またどうして裸になったのかに、とても興味を持っているんです」

雑賀さんは大学時代、よけいな勉強をせずに、コンゴ川二〇〇〇キロをカヌーで漕ぎ下った猛者であり、その分いつまでも勉強熱心なのである。

その話をするには、どうしてもアイアイについて最初に触れなくてはならない。アイアイはリスのような歯、針金のように細長い中指という、サルの仲間としてはまったく例外的な形をしている。なぜ、アイアイがこのように特別な形をしているのかは、動物学の謎の中の謎だったけれど、私はそれがラミーという木の種子食と関係していることを発見した。アイアイはそのラミーの種子の堅い殻を削り開け、その仁《じん》を掬い出して食べていた。アイアイの特別な歯と指の形は、その特別な食物を食べるためにはなくてはならない道具だった。

ある日、それはアイアイだけではないのではないだろうか、と思い当たった。つまり、アイアイだけではなく、サルというものはみな、その歯と指の形は主食に対応しているのではないだろうか、と。これが「口と手連合仮説」だった（島、二〇〇三。以下、引用文献については巻末に一覧を掲げた）。

その仮説ならば、ネズミキツネザルのように手のひらサイズの小さなものからゴリラのような大きなものまで、すべてのサルの形を説明できる。たとえば、ネズミキツネザルの指先には吸盤があり、歯はぎざぎざの鋸のようになっているが、それは昆虫のなかでも甲虫を主食にしているためなのだ。三頭合計の体重が二〇グラムという赤ん坊のネズミキツネザルでさえ、その指先はそれを載せた人の手のひらにぴったりとくっつくほど性能のいい吸盤をもっている。

雑賀青年は「うん、うん」とうなずいた。彼はその小型のサルを飼っていた。

「ネズミキツネザルはほんとうにカブトムシが好きです。たしかに、つるつる、すべすべのカブトムシをつかむのは、あんな小型のサルにとっては指先の吸盤なしには難しいでしょうねえ。でも、ゴリラもそうなんですか？」

ゴリラを野外で観察したことがないので、ほんとうに「口と手連合仮説」[1]があたっているかどうか、専門家の評価を俟《ま》たなければならない。しかし、その主食が、すくなくともマウンテンゴリラでは、日本のヤエムグラのような棘《とげ》のあるツル植物であることは間違いない。それを引き寄せ、皮を剝いて、大量に食べるのがゴリラの生活で、その引き寄せる手の握りの構造が、そのままゴリラのナックル・ウォーキングを説明している。つまり、いつも食べる主食のツルを握って引き寄せている手の形のまま歩くと、拳で地面をつくナックル・ウォーキングになる。

「口と手連合仮説」の面白いところは、ただ主食がそのサルの口と手の形を説明するだけでなく、そのサルの移動方法のユニークさも説明するところにある。

「そうすると、ネズミキツネザルのピョンピョン歩きも説明できますか？」

雑賀さんはあくまでネズミキツネザルにこだわっている。彼の言う「ピョンピョン歩き」とは、この小さなサルが木の上をすたすたと歩くという方法をとらずに、跳ねて移動することを言っている。

「口と手連合仮説」はむろん、そのユニークな跳躍する移動方法も説明できる。ひと口に昆虫といっても、それは実にさまざまな種類を含んでいるので、どのような昆虫を主食としているかで捕らえ方は違う。甲虫はパッと飛び立つことができるので、捕食する側には敏捷性が要求される。じっと待っていようと、探し回ろうと、どちらの場合でも最後はパッと跳びかかる能力がなくてはならない。それがネズミキツネザルのピョンピョン跳ぶような歩き方の意味である。

こうしてみると「口と手連合仮説」の適用範囲が広いことが分かる。つまり、この仮説は霊長類の口と手の形を主食から説明できるだけでなく、そのサルの特徴的な移動方法も説明できるという利点をもっている。

「それが人間にも適用できると？」

そのとおり。私はこの思いつきに熱狂して、サルというサルの主食と歯と指の形を調べ、ほとんどのサルの種についてこの仮説でなんとか説明できたので、初期人類にもこの仮説は適用できるはずだと思うようになった。直立二足歩行の起原はこれで解明できる、という見通しが私を興奮させたのはご理解いただけると思う。

私はこの人類学の最大の問題に解答を見つけることができた、と思った（その当否については、拙著『親指はなぜ太いのか』（中公新書）をぜひ一読いただきたい）。この仮説は同時に、人間が裸になったことも説明できると、最初は思っていたのだけれども、それはまったくはずれてしまった。

「それは大変でしたねえ。せっかくの仮説が裸の起原を説明できなかった、ということですか？」

雑賀さんはウェイターにもう一本ビールを頼み、腰を落ち着けて、悩み事の相談を受け付けましょう、という態勢になった。私は喉を湿らせるために、もう一杯の紅茶を頼み、話を続けた。外はすっかり暗くなって、満天の星である。

問題は実にそこにあった。せっかくの「口と手連合仮説」が人間の裸を説明しないという事実に行き当たったとき、私はそうとうに驚いた。私はずっと、直立二足歩行と裸化は同時に起こったのではないかと考えていて、一つの仮説でその両方を説明できると思っていたからである。

初期人類の口と手の特徴は、初期人類の主食を説明でき、そこから直立二足歩行が必然であることも説明できる。だが、それは同時に、初期人類が裸であるかどうかとは関係なしに直立二足歩行の必然性を説明していた。つまり、「口と手連合仮説」は実に巧妙に直立二足歩行の起原を説明するが、その初期人類が裸であるかどうかには、まったく関係しなかった。

では、この問題にどう接近すればいいのか？

「新しい仮説を考えついたのですか？」

青年は気遣わしげに、ビールの泡をすかして私を見た。「また、何をこのおっさんは考えついたのだろう」というぶかしさと、「ほんとうにまあ、次から次へと飽きもせず」といういささかの感嘆の表情でビールを飲み干した。

仮説は事実を積み上げている過程で自然に生まれてくるもので、どれほどミューズの神々に祈っても、思索を司るというメリテ神に灯明をあげても、それは無駄である。

しかし、物事には両面がある。「口と手連合仮説」が裸化を説明できないという負の面だけを見ていると分からないが、それが示す逆の正の面があるのではないかと、ある日気がついた。「口と手連合仮説」が直立二足歩行を説明できても裸化を説明しないのは、人間を他の哺乳類から区別するこの二つの重要な特徴が、それぞれ別個に出現したということではないか？　私は自分の額から炎が長く伸びだすイメージを、また感じた。こういう状態になると、その炎が無数の事実を焼き溶かして、限界と見えていたイメージ上の壁に穴を開ける。

それらは別々に起こった。つまり、直立二足歩行の起原と裸化の起原は、別に考えなくてはならない。それは、まったく別の原理による別の年代の出来事である。こうして、私は原点に戻ることにした。そもそも、なぜ人間の裸化が私にとって重要な課題となったのかという、そこのところである。

ある台風の日に

私は一九七〇年から房総半島の山の中で野生のサルの群れを追いかけ始めたが、その最初の時から、この問題はうっすらと意識に上っていた。雨の中で野生のニホンザルの群れを追いかけるのは、ほんとうに難しかった。木の葉を打つ雨の音のためにサルたちの声が聞こえにくいとか、雨や靄《もや》に隠されてその姿が見えにくいといった事情よりも、雨に濡れることで追いかけているこちらが消耗してしまうのが切実な問題だった。雨具の改良とか、新素材が必要とか、伝統的な蓑のほうがいっそいいのでは、といろいろと思い迷った形跡がフィールドノートの端々に残されている。

しかし、問題意識が決定的になったのは、ある台風の日に山の中でサルの群れを追跡した時だった。

それは一九八二年の秋のことで、その日サルの群れは調査基地を置いていた村の近くの林に泊まった。それまでニホンザルの群れは暴風雨の時には動かずに、洞窟や深い森の避難場所でじっとしている、と言われていた。しかし、学者の生態をちかぢかと観察するにつけても、これらの都会生活者が暴風雨の時に野外に出かけるかどうかあやしいものだと、常々疑っていた。だから、暴風雨の時にサルたちがどうしているのかを知ろうと思ったら、それは自分で確認するしかなかった。

翌日、台風が房総半島を直撃した。早朝から雨で、そのトタン屋根を叩く音は激しく、出かける前から意気は上がらない。

「ほんとうに行くんですか？」と言う佐倉統《おさむ》さん（現在、東京大学大学院教授）といっしょに弁当を作って豪雨の中を出かけた。サルの群れはその夜泊まっていた村近くの林から山の中へ向かい、奥谷《おくやつ》という名の山中の水田に出た時には、昼飯時になった。

「お弁当はせめて、あそこにある藁《わら》小屋の中で食べましょう」。佐倉さんは提案した。「いいや、ここで。雨の中で立ったまま喰うぞ」。私は厳かに宣言した。「なんとなれば、この豪雨である。雨具も服も何の役にも立たない。雨と汗とでびしょ濡れだ。体は冷えきっている。こんな状態で小屋の中に入って食事でもしてみろ、もう絶対そこから出てくる気はなくなる」。そういう雨風の中だった。

立ったままでも握り飯は食べられるという利点がある。飲み水はどこにでもある。なにしろ雨の中である。こうして風雨の中で昼飯を食べおわり、奥谷からまた山の中に入ったサルの群れを夕方まで追いかけた。サルたちの移動距離も食べている様子も、普段の日とまったく変わらない。

暴風雨の中でもサルたちの行動が変わらないことはいぶかしかったが、追いかけ、観察し、記録することに一生懸命だから、とにかくその日の寝場所までついていった。そこは谷間だったが、風雨をうまく避けているという場所ではなかった。あるいはほんとうに夜になれば、もう少し吹きさらしでない場所へ移ったかもしれないが、とにかく暗くなってサルの姿が見えなくなるまで、彼らは風雨の中にいた。

よく見ようと思って木に登ると、船の上のように木が揺れる。これほどの風と雨だから、いくらかはサルの活動も鈍っていいものだがと、隣の木を見ると、二、三歳のコザルたちが跳ね回って遊んでいる。

愕然とした。これだけの風雨も、彼らには何の影響も及ぼしていなかった。こちらは夕方になって冷え込んできて、濡れた体はもうこれ以上無理と言っている。しかし、このサルの子どもたちは、雨具もなく服もなく、ただ濡れるだけ濡れているはずなのに、普段と同じか、あるいはそれ以上に風に揺れる枝の動きを楽しんで遊んでいる。たしかに毛皮も濡れてはいる。だが、ブルッとひとつ身震いすると、水滴は飛んでしまって、また快適な毛皮である。

夕暮れの山道を、私は黙りこくって歩いた。この経験は壮烈だった。毛皮はそれほどに完全で、強力なのだ。私は雨の中でサルの群れを追いかけるたびに、あらゆる雨具の不完全さに憤っていた。だが、そこに完璧な雨具があった。寒暖、風雪、晴雨にかかわらず、常に体を守る衣類がそこにあった。それがサルたちの毛皮だった。なぜ、こんなに大切なものを、人間は失ったのだろうか?

この台風の日以来、この疑問は私の心の中にしっかり錨を下ろした。

第一章　ヒトの裸の皮膚は自然淘汰で生じたはずはない

　夜が明ける。熱帯の闇は昇る太陽の最初の光とともに、引き裂かれるように明るくなる。薄闇の中でさえずっていた小鳥たちを黙らせるほどに強烈な日が昇り、料理の支度を始めたコックたちとニワトリだけが騒がしい。木枠の窓から差し込む光が、レースのカーテンに煌めいている。

　私は中庭に面したテラスに出て、椅子に坐った。ここからでは海は見えないが、パパイアの葉の群れの上に広がる空が青い。昨夜、雑賀さんは私の話を途中まで聞いていたが、誰かに呼ばれて出奔してしまった。ホテルに戻ってきているかどうか怪しいものだと疑っていると、彼は伸びをしながら隣の部屋から出てきた。

「おはようございます。ほんとに早いですねえ」

　二人しかいない客が二人ともに起きたので、にこにこ顔のウェイターがやってきて朝食の飲み物を聞く。マダガスカル産は紅茶もコーヒーもいい。私は紅茶を、雑賀さんはコーヒーを頼む。

「今朝は裸の起原について解明していただくという予定で」

この若者は一晩騒いでも、その話を忘れていなかったらしい。そこで、もう一つの強烈な体験から話を継ぐことにした。それはアルフレッド・ウォレスの予言者的な言葉、「ヒトの裸の皮膚は自然淘汰で生じたはずはない」との一言である。

最適者とは何か?

ウォレスの衝撃的な一言について述べる前に、どうしてもダーウィンに触れなくてはならない。私はダーウィンの進化論を常々疑っていた。最大のポイントは「最適者生存」(The survival of the fittest)というセオリーにあった。これは、論理としては同語反復である。その断言の構造は、こうなる。

「最適者は生き残る」

最適者かどうかを、どこで判断するのか?

「生き残っているから」

こうして「最適者生存」セオリーは、最適者を判断する根拠と断言とが堂々巡りし、つまりは事実を追認するだけとなる。ダーウィンは、変異を語ってはいるが『種の起原』のどこにも「最適者」とは何かについての根拠も具体的な例もない。「最適者」概念はダーウィンにとっては自明だった。
ダーウィンは語る。

何人も野生植物の種子から、最優等の三色菫《すみれ》あるいはダリアを得ようとは期待しないであろう。（『種の起原』、堀伸夫訳、一九五八、「第一章　飼育の下に生ずる変異」、上巻六三頁）

「最優等」の価値基準は、栽培家としては当たり前だったから、こう宣言することができたわけだが、栽培家の勝手な「最優等」の判断は、自然界で成り立つはずもない。しかし、栽培種の美しさ、大きさなどは誰もが納得できることだから、それが人為淘汰の威力だと論証されると「自然界の生き物のよくできた形や機能は、淘汰の力が自然界にも働いたのだろう」と、読み手にサブリミナルな意識の流れをつくることができる。

「飼育の下に生ずる変異」で淘汰の力を見せつけたあとで、「第二章　自然の下に生ずる変異」を例証し、「第三章　生存のための闘争」によって自然界の生存競争が栽培種への人間の作為の役割を果たす、と論を進めた上で、ダーウィンは言う。

われわれが人為の下では非常に強力であるのを認めた淘汰の原則は、自然の下でも適用せられるであろうか。（前掲書、「第四章　自然淘汰或は最適者の存続」、上巻一二一頁）

と。この疑問文はそのままで強力な肯定意識を呼び起こす。なにしろ「非常に強力であるのを認めた」のだから。こうして、ダーウィンは自然界でも淘汰が働くことを自明の事実だと示す。だが、何が最適者で、どれが不適者なんだろう？

絶滅した動物は不適者か？

「でも、絶滅した動物たちがいますよね。あれは適していなかったんじゃないんですか？」と、雑賀さんはおだやかに反論する。

たとえば？

「たとえば、マンモスとか、カワウソとか、ああ、それからトキとかも」

マンモスやカワウソやトキが、百歩譲って適していなかったから絶滅したのだとしよう。マンモスはあとで考察するとして、現在朝鮮半島や中国で生きている日本のもなぜ生きていたんだ？ 日本のトキは、生存に適していないのだろうか？ 日本のトキにしても、江戸時代に空がピンクになるほど飛んでいた時には、生存に適していなかったのか？ 適してもいないのに、なぜ生きていたんだ？

「いや、ちょっとセンセ。ちょっと語調が」

では、おだやかに、かつ学術的に。マンモスと呼ばれているのはマンムトゥス属(*Mammuthus*)のゾウで、この属は現生のアジアゾウ（エレファス属）、アフリカゾウ（ロクソドンタ属）とともに、五〇〇万〜六〇〇万年前に共通の祖先から分かれた(Sukumar, 二〇〇三)。マンムトゥス属は二五〇〇万年前に南ヨーロッパから北ヨーロッパへ、シベリアへ、そして日本と北アメリカへと分布域を拡大した。

マンモスの皮下組織を調査すると、そこには脂肪の厚い層がある……しかもマンモスの被毛は北極圏の他の動物のものと同様に、密生した細かな「綿毛」と長毛の覆いの二層で構成され、素晴らしい防寒具となっていた。（コーエン、『マンモスの運命』、菅谷暁訳、二〇〇三、二八九頁）

この氷河期のシベリアに適した装備のために、氷河期の後に続く温暖期は乗り切れなかったのではないか、という「過剰適応」による絶滅仮説さえ作られたが、そうではなかった。最後のマンモスの記録は、なんと紀元前一七〇〇年の東シベリアのウランゲリ島である。最終氷河期のあとの温暖期も、マンモスは生き残っていたのである。

しかし、今を去る三七〇〇年前に滅んだからといって、人類の歴史と並んで五〇〇万年前から生きてきた巨大動物を、生存に適していなかったといったい誰が言えるだろうか？　私たちが確認できるのは、今生きている生き物が、びっくりするほどうまくできているということだけである。私たちの理解を超絶した生命には事欠かない。それらの生き物が生存に適しているかどうかなど評価できるはずもない。しかし、ダーウィンは善悪を簡単に評価してしまう。

比喩的に言えば、自然淘汰は全世界を通じて毎日毎時最もささいな変異を精細に調査しつつある。悪いものを斥けてよいものをすべて保存し集積しつつある。（『種の起原』、堀訳、上巻一二六頁）

その視点は栽培家の視点である。

リマ＝デ＝ファリアの『選択なしの進化』とウォレス

この「自然淘汰」あるいは「最適者生存」の概念としての問題点を、はっきりと指摘したのは、ポルトガル生まれでスウェーデン国籍の遺伝学者アントニオ・リマ＝デ＝ファリアだった（リマ＝デ＝ファリア、『選択なしの進化』、池田清彦監訳、一九九三）。彼は一世紀以上にわたって科学界を支配した誤った概念として、化学における「フロギストン説」、物理学における「エーテル説」と並んで、生物学における「自然淘汰説」を挙げる。前二者はすでに遠い過去の理論である。しかし、「自然淘汰説」はまだ生物学にまとわりついていると。

そのリマ＝デ＝ファリアの著作では、「自然淘汰」の提唱者ウォレス自身がその概念に制限を加えようとしていたことを示し、ウォレスはヒトの裸や倫理観や数学や論理的に思考する能力が自然淘汰で生まれるはずがないと語ったとして、「ヒトの裸の皮膚は自然選択で生じたはずはない。というのは毛深いヒトの祖先に起こったその変異が有効であったはずはないからである」とまとめ（前掲書、三六頁）、次のウォレスの文章を引用している。

現在見られる（人間の）数学的能力の素晴らしい発達は自然選択の理論ではまったく説明できない。それは他のまったく別の原因によってであるに違いない。（Wallace, 一八八九）

ダーウィンとウォレスの野外調査歴は、対照的である。一八三一年一二月二七日から一八三六年一〇月初めまで、ダーウィンはほぼ五年間をビーグル号に乗って世界一周の旅行をした。ウォレスは一八四八年から一八五二年まで五年間アマゾンで、一八五四年から一八六二年まで九年間マレー群島で、動物採集と調査を続けていた（ウォレス、『マレー諸島』、宮田彬訳、一九九一の解説による）。ウォレスは現地に何年も住みこんで動物採集をしていたが、ダーウィンの野外調査は、船からの遠征だった。

ダーウィンの理論的な著作以外の個別論文は、どれも室内や自宅のまわりで研究できるものだというはっきりした特徴がある。「イギリス産化石エボシガイ科、フジツボ科ヴェルカ科その他、イギリス産化石フジツボ科及びヴェルカ科」、ラン、捲きつく植物、食虫植物、およびミミズ」、これらがダーウィンが実際に調べて報告した生物のすべてである（『ビーグル号航海記』、島地威雄訳、上巻、岩波文庫、エヴリマンス・ライブラリー編者のはしがきの中のダーウィンの全著作目録より)。

『種の起原』の第一章が「飼育の下に生ずる変異」であり、第二章が「自然の下に生ずる変異」であることは象徴的で、ダーウィンの視点が飼育家の視点なのは、こういうダーウィンの生活からは当たり前である。

しかし、ウォレスはそうではない。ウォレスは野外調査の達人だったから、人間の体に毛皮がないことが、どれほど野外生活では不便なのかを十分に知っていた。だから、人間が毛皮を失ったのは自然淘汰の結果ではないと考えたのである。

ウォレスは晩年になって心霊術に凝り、エンゲルスがその『自然弁証法』の中で、彼の精神主義を批判していて、日本の知識人からはウォレスの評判は悪い。人間の精神能力の起原については、ダーウィンは例によって直接触れることを避けている。その上手な控えめな態度が、彼を偉大にしているというところはあるが、解きがたい究極の難問にまっこうからぶつかったウォレスを、私はえらいと思っている。

ダーウィンは「自然淘汰」説を放棄した

ダーウィンは一八五九年の『種の起原』に続いて、『人類の起原』を一八七一年に出版した(ダーウィン、『人類の起原』池田次郎・伊谷純一郎訳、一九六七)。この本は、ダーウィンが人間という非常にむつかしい対象に、どのように取り組んだかを示している。この本はまた、昆虫から人間に至る第二次性徴の総覧にもなっていて、それを「性淘汰」で説明しようという試みである。では、「自然淘汰」はどうしたのか？

ダーウィンは人間の裸の皮膚についても「性淘汰」で説明する。この重要な人間の特徴は、ダーウィンにとってはすでに「自然淘汰」の結果ではない。ダーウィンはこの「二つの淘汰」によって、生命世界を説明しようとした。その「性淘汰」の説明は入り組んでいて、古来ダーウィンの失敗として考えられてきた。しかし、実態はそんな生易しいものではない。

ダーウィンは『人類の起原』の「第二章　人間は下等な生物からどのようにして発達してきたか」の中で、人間の無毛について語る（番号は検討の都合で、私がつけたもの）。

（一）人間と下等な動物との間のもう一つの最も著しい違いは、人間の皮膚の無毛性である。（二）クジラや、イルカや、ジュゴンや、カバは無毛だ。彼らの無毛は、水の中をすべるように進むのに有利であろうし、また、もっと寒い地方にすむアザラシやカワウソの毛皮と同じ役割を果たす厚い脂肪層によって保護されているので、皮膚が裸出していても体温の保持を妨げるということはないであろう。(2)

(三)ゾウやサイも、ほとんど無毛である。ところが、極地的な気候の中でかつて棲息していた絶滅種のなかには、長い綿毛や毛でおおわれていたものがあるから、この両方の属の現存種は、おそらく炎熱にさらされたために毛のおおいを失ったものと思われる。(四)このことは、インドの高地の寒冷な地方にすんでいるゾウは低地のゾウよりも多毛であることから考えれば、いっそう可能性が高いように思われる。

(五)それでは、人間はもともと熱帯地方に住んでいたから毛を失ったのだと、推定してよいだろうか。人間が直立する以前に毛が失われたと仮定すれば、毛が主として男性の胸や顔に、また手足のつけねには両性ともに残っているということは、さきの推定にとって都合がよい。なぜなら、現在、毛が最も多く残っている部位は、その当時太陽の熱を受けることが他の部分よりも少なかっただろうからである。(六)しかし、頭は不思議な例外だ。頭は、いつもむき出しになっていたにもかかわらず、いまだに毛で厚くおおわれているからである。

(七)しかし、人間が属している霊長目の他の仲間は、熱帯地方にすんでいながら、一般に体表を毛で厚くおおわれているという事実は、人間が太陽のために無毛になったという仮定に反している。(八) ベルト氏は、熱帯地方では、毛のないことは人間にとって有利だと信じている。なぜなら、しばしばダニや他の寄生虫にたかられ、ときによってはそれが潰瘍の原因になるのだが、毛がないと、それからのがれることができるからである。(九) しかし、私の知っているかぎりでは、熱帯にすむ多くの四足獣が、ダニや寄生虫からのがれるなにか特別の方法を獲得していないことからみると、この害が自然淘汰によって、人間の身体の無毛性をひきおこしたほどに重要な意味をもつものかどうかは疑わしい。(一〇) 私がなによりもよいと思う見方は、人間、最初はとりわけ女性が、性淘汰のところで述べるように、装飾上の目的のために毛を失うようになったという考えである。(前掲書、一一五—一一六頁、原文は資料1を参照されたい)

これがダーウィンの人間の裸の起原についての結論である。しかし、これは変だ。

水中動物について

第一のフレーズ（一）で人間の一大特徴とは裸の皮膚だと宣言したあと、第二のフレーズ（二）で、ダーウィンは水生の裸の獣たちをとりあげている。この第二フレーズの文章は変ではないだろうか？

ダーウィンはまず裸の哺乳類を列挙する。そして、ある共通項に気がつく。クジラ、イルカ、ジュゴン、カバなどの水中で生活する哺乳類はすべて裸だと。なぜ、水中生活者は裸なのか？　ダーウィンは「水の中をすべるように進むのに有利であろう」と説明する。

しかし、毛がないと水中生活に有利だ、と評価するのは変じゃないか？　だったら、アザラシやカワウソはどうなのか？　彼らもまた実に軽やかに泳ぎ回るが、毛皮がある。それも、外套に貴《とうと》ばれたほど完璧な毛皮である。ダーウィンがここで、「泳ぐ」と言わずに「すべるように進む（gliding）」という言葉を使った意味がよく分かる。裸の皮膚＝滑りやすいというイメージを強調して、「泳ぐ」と言ってしまうと、毛皮のあるものも、ウロコのあるものも、同じになってしまうことを巧妙に避けたのである。

つまり、水中生活者の獣には裸のものと毛皮のものとの二通りがあるということだ。本来なら、ダーウィンはこの水中生活者の裸の皮膚と見事な毛皮との両立の矛盾を語らなくてはならない。だが、ダーウィンはこの説明をするりとぬける。最初に「クジラや、イルカや、ジュゴンや、カバ」と列挙したことで、なんとなくあるイメージが作られている。ジュゴンもカバも熱帯の動物である。それに続く言葉が、「もっと寒い地方にすむ種」となるので、脂肪層の厚さか毛皮かで、寒さをしのぐのか、となんとなく通りすぎてしまう。しかし、よくよく考えるとこの文章は、なんとはなしのイメージを作りだして、問題の焦点をずらしてしまうサブリミナル手法である。

このダーウィンの文章の問題点は、水中生活者には毛皮のものも、裸のものもいるという両極端の事実について、なぜそういう違いが起こるのかについてしっかりした考察をしないところにある。水中の裸は「すべるように進むのに有利」と言っておきながら、それに続いて起こる寒さにどう対応するのか、という問題には、脂肪層で答えている。そこに毛皮のあるアザラシやカワウソを入れるので、読者はすべてに答えていると思い込むのだ。

こういう文章を作る人は、こういう文章に慣れているので、いつも同じような言いぬけをしているはずだ。

「ちょっと、ちょっと待ってください」と雑賀さんが割って入った。「他の人ならいざしらず、相手はダーウィンですよ。偉大な思想家として評価が定まっているダーウィンが、そんなことをやるはずがないじゃないですか？　これは何かの間違いです。ダーウィンは例証を挙げただけでしょう」

しかし、ダーウィンはこうして論理の破綻を修辞ですりぬけている。こういうことをやる人は、いつもやる。続く第三フレーズの文章を見てみよう。

暑さと人間の毛の位置について

フレーズ（三）の文章は、間にある装飾を除けば、「ゾウやサイも、ほとんど無毛である。……おそらく炎熱にさらされたために毛のおおいを失ったものと思われる」となる文章である。

こうしてダーウィンは獣の無毛について、二つの要因を挙げる。一つは水中生活者であり、もう一つは熱帯地方の暑さである。

ダーウィンはこれらの要因を挙げながら、それらに例外があることをまったく検証しない。熱帯地方の炎熱のもとでは無毛が当然という説明だが、ほとんどの熱帯の哺乳類には毛がある。この説明をどうするのか？

しかし、これらの説明の例外や矛盾を丁寧に解き明かすという苦労を、ダーウィンはしない。ただちに人間の裸の説明にとりかかる。

第五のフレーズ（五）の仮定部分をとりのぞくと「毛が主として男性の胸や顔に、また手足のつけねには両性ともに残っているということは、さきの推定（炎熱にさらされたために毛のおおいを失った）にとって都合がよい」という文になり、この「都合のよさ」の異様さがよく分かる。

手足のつけ根はともかく、「男性の胸や顔」の毛が「炎熱にさらされて」失われた例としてなぜ言えるのか？　手品の種はこのフレーズの前にある「人間が直立する以前に毛が失われたと仮定すれば」である。

しかし、これもまた、とても変だ。この文脈では、熱帯では太陽の熱のために毛が失われるという機構があるのだ、という前提で話が進められている。しかし、人間については、もう一つ仮定が入る。「人間が直立する以前に毛が失われた」という仮定である。これが分からない。仮定の話に、もうひとつ仮定が加えられて、「都合がよい」と語られる。

しかも、男性と女性で毛が残っている位置が違うこともさりげなく触れて、あとに続く話を用意している。この時点で、四足なら太陽の熱を受けない（と、ダーウィンが仮定している）顔や胸に、なぜ男性だけ毛が残るのか？　それはただ「都合がよい」と評価されるだけである。女性はなぜそうでないのか？　それは都合が悪いので（ダーウィンにとって）、説明しない。

しかし、この文はほんとうに変だ。直立する以前だと、つまり四足で歩くと、胸はともかく顔は太陽の熱を受けないのだろうか？　どんな図鑑でもいいから、サルやライオンの写真が載っている本をちょっと見てほしい。どんな写真でもライオンの顔には光が当たっているはずだ。ライオンの顔に太陽の光が当たらないようにするためには、ヘソを見るほど下を向かなくてはならない。

このダーウィンの文章は、頭の中で文章を構成する人の典型的な文章で、書いているうちに、人間の顔が想像の中で浮かび、これが四足になったと考えると顔が下向きに想像され、そこは日陰だと思うのである。しかし、現実には地面を向いている獣たちの顔というのはない。顔は顎の下から喉まではともかくとして、頭とひとつながりの方向、つまり、正面から上を向く。だから、「太陽の熱」というなら、頭と顔は同じ熱の受け方をする。「顔は熱を受けない」と考えて、だから「男性の顔の毛」はこの仮説に「都合がよい」と思うダーウィンは、この一つの文章を作っているときに、ライオンなりなんなりの写真を確かめることをしないタイプの思索家なのである。

悪口になってしまうが、あえて言ってしまえば、こういう「思索家」は結局グウタラなのだ。サルの研究をするのに餌場ですませたいタイプ、動物の研究を本ですませたいタイプの研究者は、立ち上がって図鑑を取り出して見るという手間さえ惜しむ。文章を作る上では、そういう資料を参照する中断がないほうが、てっとり早いからである。

髪の問題は通りすぎる

そして第六のフレーズ（六）に入る。「しかし、頭は不思議な例外だ（あるいは〝興味ある例外〟）」と。しかし、髪の毛そのものは、不思議でもなんでもない。炎熱で毛がなくなるために都合がよい姿勢を考えたほうが、変なのである。

繰り返して注目をお願いするが、この仮説に合わない例外についても、ダーウィンはまったく説明していない。髪の形状が獣一般の体毛とは違うこと、どこまでも長く伸びること、男性で禿が多いという性差があること、などの髪の問題は一顧だにせずに通りすぎて、「不思議だ」だけで片付けられている。

こうして、髪の不思議を放置したまま、つづく第七のフレーズ（七）では、第三フレーズ以来議論してきた「裸の熱帯起原」仮説をしりぞける。その理由は「霊長目の他の仲間は、熱帯地方にすんでいながら、一般に体表を毛で厚くおおわれている」というものである。

この文章も変なのだ。

ダーウィンは「熱帯にすんでいるから」ゾウやサイは無毛である、と説明した。他方、「熱帯にすんでいるサルたちは無毛ではないから」人間が無毛なのは熱帯出身だからとは言えないと説明する。つまり、この説明は「ああ言えば、こう言う」たぐいの説明なのである。

この全体の文章の混乱はダーウィンの混乱ではなく、これまでの諸仮説の混乱である、と反論できるかもしれない。ダーウィンにとっては「それぞれの説明は皆不十分である。したがって、私の仮説が妥当なのだ」という流れに導くための前置きに過ぎない、とも言える。だが、それぞれの仮説の不十分さ、相互の矛盾を取り上げたのだとしても、それぞれの仮説の妥当性をもっときちんと掘り下げる必要があった。ダーウィンは、その仕事の手間を惜しんでいる。

つぎの二つのフレーズ（八）と（九）で取り上げるのは、無毛がダニや寄生虫に対抗できるという説への批判である。これは他の熱帯に棲む獣に例がない、という第七フレーズと同じタイプの論拠での反論である。

そして、これで一切の仮説への批判は完了し、どれも満足なものではなかったといわんばかりに、人間の裸化には「性淘汰」仮説がいいと、「私がなによりもよいと思う見方は」と、ダーウィンは断言する。

しかし、寄生虫問題はともかく、水中生活者やゾウたちのように、裸の獣たちには例がある。「私がなによりもよいと思う見方は」という個人的意見で、無視されてよいものではない。このダーウィンの文章には、論理の一貫した脈絡を見ることは不可能である。

第二章　ダーウィンは変だ

　轟然と雨が降っている。熱帯の真夏は雨季で、午後になると決まったように豪雨が降る。昼前にはじりじりと上がってゆく気温を肌で感じることができ、正午を二時間もすぎると、これが限界と思うほどの気温になる。その時、頭上に黒雲が広がって、世界が暗くなり、風が吹き、そして雨が落ちてくる。

　この日はことに運のない日で、私と雑賀さんが森に入ってアイアイの巣を見つけた直後と、一度ホテルに戻って着替えて町の食堂に出かけて帰る途中の二回、叩きつけるような豪雨にあった。熱帯の真夏でも、ことに乾燥地帯の雨は冷たい。震えあがるような冷たい雨に一日二度も曝されると、さすがに士気は衰える。キャンプ生活でなくてほんとうによかったと、ホテルのベランダに坐って屋根から落ちる雨を見ているのである。

「こういう目に遭うと、裸がうらめしいというか、服が役に立たないことが、実感できますねえ」と雑賀さんは言う。ほんとうにそうだ。人生の大半を野外生活で過ごした者としては、人は一口に「衣食住」というが、衣類よりも家のほうが人間にとっては決定的ではないのかと、ひそかに思うことがある。熱いコーヒーで体を温めながら、私はこの問題をつきつめることにした。

ダーウィンはなぜ例外を説明しないのか？

「ひとつ伺いたいのですが」と、雑賀さんはビールを飲み干してから問いかける。「なぜ、ダーウィンは例外を説明しないんですか？　裸なのは水中生活者だからだと説明して、アザラシやカワウソはどうかというと、これは例外だと。なぜ例外なのかと、どうして説明しないのですかねえ。たとえば、寒い海では毛皮がいるとか、ときどき海から出るから毛皮が必要なのだとか、いくらでもできると思うのですが、どうしてそういう説明をしないのでしょうね」

確かに、私なら毛皮のある水中生活者をときどきは水から出るからだと、簡単に説明してしまう。しかし、ダーウィンはそういう説明をしない。ダーウィンの立場に立つと、それはできないのだ、と私は思う。

「『説明しない』のではなく、『説明できない』のですか？『できない』というのは、ふつうは『しようとしてもできない』という意味ですが、『やりたくない』ということもありますよね？　どっちですか？」

たぶん、「やりたくない」ということでしょう。ダーウィンほどの人である。説明できないわけはない。私が考えついたほどの説明は、考えているに決まっている。それでもやらないのには、わけがある。それは「やりたくない」ということだ。

なぜなら、水中生活では泳ぎ回るためには裸がいい、と言い切ってしまっている。つまり、裸の皮膚は水中適応タイプなのだ。だから、毛皮の水中生活者は適応していないはずのものが生存していることになるので例外だ。例外として扱って、説明しないほうがいい。下手に説明すると、どんどん説明を重ねなくてはならなくなる。古来、大物、大企業の反対者への対応は、無視なのである。対応しないことで権威を保つという方法がある。

「そうですねえ。ダーウィンは『最適者生存』で大物になっていますからねえ」

たぶん、「生存競争」をとおしての「最適者生存」仮説が、社会的に成功しすぎたためだ。裸の皮膚の説明で見せるもたつきは、「最適者生存」という観念の呪縛だと思う。

「というと？」

「最適者」という客観的には無内容な概念は、「最適者」の内容について社会的同意があるときだけ、実質的な意味をもつ。花なら「大きい」とか「美しい」とかである。泳ぎ回る「最適者」に毛のあるものとないものとの二通りの道があったり、熱帯の炎熱の「最適者」に毛のないものと毛のあるものと部分的にあるものなど、いくつかの道があるとすると、「最適者」の意味が空洞化する。「最適者生存」を語る場合は、その「最適者」は一通りであり、それ以外は例外として関係ないという態度を取る以外はない。

時代的背景

ちょっと考えてみてほしい。時はヴィクトリア朝である。一八三七年にイギリス女王となったヴィクトリアは、一八四〇年からアヘン戦争を指揮し、一八五八年にはムガール帝国を滅ぼしてインドを併合し、一八七六年には「インド女帝」を兼ねる。ヨーロッパ人の戦争と征服の歴史上はじめて、アレクサンダー大王でさえできなかったインド亜大陸の完全なる征服を実現したのである。

イギリス植民地はこの時代を通して拡大し続け、スペイン、ポルトガル、フランス、ベルギー、イタリア、ドイツ、そしてアメリカと主要な西欧諸国は領土を広げ、植民地を拡大することに狂奔している。

　この時代のまっただなか、一八五九年に出版された『種の起原』はダーウィンに名声をもたらし、その社会的な評価が決定的に定まった中で一二年後、一八七一年に『人類の起原』が刊行されている。

「日本のバブル期よりすごい時代ですよねえ」。まったく。

　イギリスは一九世紀に産業革命を完遂して、圧倒的な武器の生産能力を持った。ちょうど、二〇世紀後半からのアメリカ合衆国の状態である。武力は使わなくては意味がない。そこで、まったく何の関係もない世界へ押し出して、征服し、植民地にしてゆく。その行動を正当化する理論をどこに求めるか？　ただ単に「イギリスは優秀な国だぞ」と言うような自己満足の宣伝ではなくて、もっと科学的な装いを凝らしたもっと近代にふさわしい理論はないものか、自分たちが世界へ無理無体に押し出していくことを気持ちよく後押ししてくれる理論はないものか、と。「生存競争」を通してのの「最適者生存」セオリーは、民族の優越、優秀な個人の優越と劣等者の敗北を生き物の理論として保証してくれるので、当時のイギリス人としてはありがたいという以上のものだった。

「見てきたようなことを言っていますが、ほんとうなんですか？」

　ほんとうかどうか、分からないが、そういう時代背景が、ダーウィンを押し上げたということは確かだと思う。たとえば、八杉龍一編訳の『ダーウィニズム論集』の「解説」では、「当時の社会において進歩の観念がとくに顕著であったということは、重要である。ダーウィンの学説は、イギリスにおける産業資本主義の発展期に生まれ、その社会での思想的力にもなった」（一二頁）と書かれている。

「なるほど、たいへん権威があるまとめ方ですねえ」

しかしね、私はそう素直ではないから、この言い方が教科書的に感じられて、引用していてはらはらする。ダーウィンの本がどれほどの熱狂を引き起こしたのかを、一九世紀の新聞とか、そういう具体的な情報で示してほしかったと思う。もっとも、初版一二五〇部が売り出し当日に売り切れたということは、この本への熱狂を物語る、いい証拠ではある。

増加の幾何比の幻想

同じ八杉さんの「解説」の中にこういう文句がある。

ダーウィンはこの人為選択との類比で、自然選択の概念を立てる。人間の手ではなく自然が、優者を選抜するなり劣者を除くなりしていく。ただそうしたことがなされるためには、当然そうなるべき条件がある。
一つは、生物がほとんど例外なく多産であり、実際に生存できるよりははるかに多くの子を生じることである。（一五頁）

そんなことがあるだろうか？

「え？　そんなことばかりでしょう。これぱかりは、ドクトルは言い過ぎだと思いますよ。タラコなんて卵ばかりじゃないですか？　どの魚だってすごい数の卵を産んで、それを孵化させるじゃありませんか？」

じゃあ、聞くけどね、八杉さんは魚だけの話をしたんじゃないんだよ。「生物がほとんど例外なく」とわけのわからないことを言ったんだよ。「ほとんど」と「例外なく」はつりあわないけれど、まあ許そう。しかし、「多産である」と言いきったね。

「そりゃ、言いきれる、でしょう」

じゃあ、人間はどうなる？　一回に一頭の子どもしか産まず、しかも四年から五年の間隔をあけないと赤ん坊を産めないチンパンジーはどうなるの？　これは多産か？

「それは例外じゃないんですか？　だから、八杉さんも『例外なく』の前に『ほとんど』をつけたんじゃないですか？」

いいでしょう。だったら、「自然淘汰」はチンパンジー抜きと。じゃあ、チンパンジーには「自然淘汰」はなかったと。チンパンジーは「最適者生存」の枠外にあると、こういうこと？

「なんだか、子どもの論争みたいですねえ。大人なんだから、人の揚げ足を取るようなことはやめて、まあそこはそっちの言い分を認めるかわりに、こっちの要望も認めろよというような、取引というか、八方丸く収まるようなですね、そういう論争にしないと」

だからね、これは揚げ足とりじゃないの。魚は多産だと言ったねえ。じゃあ、これはどうする。アメリカのフロリダ州のトゥース・カープは二〇個しか卵を産まないらしい。これは多産か？

「二〇個は多産だと言ってもいいんじゃないですか？」

じゃあ、インドゾウはどうだ？　一回に一頭しか産まないが、妊娠期間は平均六〇九日、最長七六〇日、なんと二五ヵ月、つまり二年だ。これは多産なのか？

「それはゾウだからでしょう。あんなに大きいからでしょう。それに長命なんでしょう。多産だったら、たいへんですよ。世界はゾウだらけになりますよ」

じゃあ、これはどうだ？　ボリビアの植物、プヤ・ライモンディは一五〇年たたないと花が咲かないし、咲き終わると寿命がつきるという。これは多産なのか？　カリフォルニア州のプリスルコーンマツは樹齢四六〇〇年で、世界最高齢と言われているが、その木の種子からは四八本の若木が育っているという。一〇〇年に若木一本という割合だが、これは多産か？

「まあ、よくそんな例外的なものばかり挙げられますねえ。……なんだ、ギネスブックの受け売りじゃないですか？」

もちろん、これはただの受け売りで、だから生物種の学名もあやふやなのだが、私が言いたいのは、多産という言葉で全部説明できたと思ってもらっては困るということだ。哺乳類には一産一子という例は多い。ほとんどのサルがそうだ。しかも、毎年子どもを産むわけじゃない。これを多産というのなら、なんだって多産だ。

「そうですねえ。納得します。ネズミキツネザルは三頭も赤ちゃんを産んでくれましたし、キツネザルたちにも双子はよくありますが、多産って、どこから言うんでしょうねえ」

そこまで納得してくれたのはありがたいが、相手はダーウィンである。私が調べるくらいのことは調べ上げている。ゾウのような繁殖の遅い動物についてもきちんと説明している。今までなら、「このような細部の考察が」と感動しているはずの文章である。

象はあらゆる既知の動物中、最も繁殖の遅いものと認められている。で、私は少し骨折ってその自然増加の蓋然的最小速度を概算して見た。象は三〇歳で生殖を始めて、九〇歳までこれを続け、その間に六匹の子を産んで自分は一〇〇歳まで生存すると仮定するのが最も安全であろう。もし、この通りであったとすれば、七四〇年ないし七五〇年後には、最初の一対から出た一九〇〇万近くの象が生存することになる。（『種の起原』、堀訳、上巻一〇一頁）

どうですか？　ダーウィンは緻密でしょう。これは「増加の幾何比」という小項目で、「第三章　生存のための闘争」にまとめられた有名な一節です。

「こればかりはすばらしいと思いますよ。ダーウィンはやはりさすがじゃないですか。私も学校でそういうことを、先生が言っていたような気がします。うろ覚えですが」

しかし、これが計算上だけの数だということは、むろん皆知っているわけで、ダーウィンがこの計算結果を挙げたのは、それほどの繁殖能力が生命にはあるのだという例証にすぎない。だが、ほんとうにそうだろうか？

この無限の数に増加する生命のうちからわずかな個体しか残らないのは、「自然淘汰」によるのだというダーウィンの理論は、たったひとつのファクターで崩壊する。

「どういうファクターですか？」

それは食物です。

「増加の幾何比」は食物で崩壊する

ダーウィンが挙げた仮想のゾウ家族に、たったひとつのファクターを打ち込んでみる。「それは一家族が現在生活している領域は、一家族が生活するだけの食物（水も含むとして）しかない」という条件である。三〇歳になると生殖年齢に達するのだから、この場合、一家族とは二頭のオトナと三頭の子どもの五頭構成だとしてよい。三〇歳になったオスメス二頭は出会ってすぐに意気投合して子どもを産んだ。そこからこの家族の歴史は始まる。三〇年後、四頭目の子どもが生まれるが、三〇歳に達した最初の子どもは成熟したので、家族から離れなくてはならない。最初の設定どおり、家族五頭が食べることができる食糧しかないからである。成熟した子どもは、家族から離れてどこかで生活しなくてはならない。しかし、お隣はどこへ行ってもゾウ家族がいるわけで、新しい生活圏を見つけられなければ、死ぬしかない。

「そんな……。お話の初めからきびしいことを言わないでくださいよ。生きる希望がなくなってしまいますよ。そのゾウは、きっと素晴らしい相手に出会って、新しい家庭をつくって幸せに暮らしましたとさ、とか、シナリオを書き換えてください」

いいよ、シナリオはいくらでも書き換えよう。しかし、このゾウの家族は、六〇年後、九〇歳に達した両親は一〇歳と二〇歳の子どもと成熟した三〇歳の子どもの三頭の子どもを持っているが、繁殖は終わった。その一〇年後の両親の寿命の時には、二〇歳と三〇歳と四〇歳の三頭しか、あとには残されないことになる。

ともかく、まったく健康で、どこまでも同じペースで繁殖を続けると仮定しても、ゾウの数は一頭しか増えない。「七五〇年後には、最初の一対から出た一九〇〇万近くの象が生存することになる」というような状態ではない。それはダーウィンが仮定したゾウ一家に、食糧が有限だという条件をひとつ入れるだけのことである。

もっと現実的に言えば、この仮定のゾウの家族の歴史は六〇年間という長い間だから、ライオンにも負けない地上最強の動物であっても、旱魃、病気・怪我、事故などの偶然の変動に出会うことはまったく普通の運命だと言える。そうすると、このような家族が生存と継続をまっとうできるのは、そうとうな難事になる。実はそれぞれの動物たちが持っている社会の構造は、この難問をどう解決するかという解答集のようなものと言ってもいい。しかし、それはまた別に取り上げるべき課題である。

こうして、ダーウィンの数の魔術は、たったひとつの要因で崩れ去る。それは食物である。それは「ニッチ」、つまり「生態的地位」である。それぞれの動物は自然界の中で占めている位置がある。それは主食によって決まっている。その食物を開発し、その食物で生存できるようになったとき、生き物としての職業についた、ということができる。

こうして、「自然淘汰」理論が数字の上の根拠となっていた個体数の幾何級数的増加の手品を取り払うと、ダーウィンが言っているのは「微小変異の蓄積仮説」による「漸進進化」理論というものに縮んでしまう。

「ニッチ」、あるいはその動物が生きてゆくための食物の限度はダーウィン進化論を根底から覆す力を秘めている。

ダーウィンは数の増加を抑える要因を知っていて

ダーウィンの『種の起原』、「第三章　生存のための闘争」の「増加の幾何比」に続く節、「増加を抑止する性質」では、ダーウィンはまずこう言って牽制する。

各各の種が増加しようとする自然の傾向を抑止する原因ははなはだ不明瞭である。（一〇四頁）

と。しかし、次の頁ではその原因をはっきり述べる。

各各の種に対する食物の量は、もとより各各が増加し得る極限を与える。しかし一つの種の平均数を決定するのは獲得する食物ではなくて、他の動物の餌食に供せられることである場合が非常にしばしばある。（一〇五頁）

この文章は、ダーウィン一流の構造で、結論から言えば動物の数を決定するのは食物なのだ、ということである。後半の「他の動物の餌食」云々の文章は、ゾウを想定すると成り立たない。ただ、「他の動物の餌食」概念の中に、「寄生虫や病原体の餌食」を加えると、ゾウにもあてはまるかもしれない。それでも食物に比べれば、副次的要因である。

ダーウィンは生存の基盤がまったくちがう植物と動物をいっしょに例証に使ってい

て、それがダーウィンの魔術を効果的にしている。しかし、植物は動物のように食物を摂るわけではないから、引用文の主語を植物と置くと、実に変なことになる。「各各の植物種に対する食物の量は、もとより各各が増加し得る極限を与える」。これはなんのことだ、という文章になる。つまり、植物と動物を同じ土俵の上であつかってはならないのである。

この食物の問題、食物の有限性、動物たちが占めなくてはならない生態系の中の「ニッチ」が、ダーウィンの「自然淘汰」を打ちのめし、崩壊させる。有限の食物というこの大前提があるかぎり、ゾウが無限に増加するという想定は意味を持たず、無数の子孫を生存可能な数にまで削減する「自然淘汰」の必要などなくなるからである。

生まれてくる子には、有能なのもいるだろうし、無能なのもいるだろう。しかし、そこにすでに生活している両親がいる限り、成熟した子どもはそこから出るしかない。

こうしてみると、ゾウの子どもたちの運命に「自然淘汰」は無縁である。仮定のゾウ一家の場合は、一〇〇歳で寿命を迎えた両親の最後の子どもたちがその場所を引き継ぐことになる。途中で死亡した場合でも、その時点で生きていた子どもたちがその場を引き継ぐのだから、同じことである。むろん、現実にはいろいろなことが起こるだろうし、そもそもゾウはオス・メスの両親とその子どもという家族群ではないが、社会構造がどうであれ、動物の数は食物によって決定されているという条件を置くと、すべては非常に明瞭になる。無数の子どもが生まれるから、その優劣強弱を選別する神の手、すなわち「自然淘汰」が働き「最適者生存」が生命の摂理だと考える理由はなくなる。

第三章　ダーウィンは裸の起原を解明できない

「でも、両親のもとから出て行った成熟したゾウたちの運命には、自然淘汰が働くのじゃないですか？」と、雑賀さんは食い下がる。「出て行った場所では、限られた食物資源と生活場所をめぐって競争が起こるから、優秀なゾウしか生き残れないわけでしょう？」。

それまでゾウがいなかった場所へ踏み込むのは冒険家であり、開拓者である。しかし、そのフロンティアも無限ではない。世界中にゾウが広がった結果として、同じ食物の限界にぶつかる。この限界を超えるひとつの方法がある。新しい食物の開拓である。

例えば、マダガスカルのコブ牛たちは枯れた草を食べることができないと言われているが、ここに枯れ草を食べることができる牛が現れたら、マダガスカルの中央高地、日本国土全体より広いほどの広大な面積を占めるほとんど無人の草原は、大牧場に変わるだろう。そのように、新しい食物を生態系の中から開発し、自分の体もそれに適応して変わったとき、まったく新しい生命が生まれる。それこそが、「種の起原」だ。

「種の起原」は、ダーウィンが想定したような無数の子孫の中から最適者を選び出すことによって始まるのではない。なぜなら、今アフリカのサバンナに王者として君臨しているゾウは、この生態系の中に確固たる位置を占められるだけの体を持っているのであり、その中から最適者を選び出すことは無意味だからである。それは成功した会社の創始者が、自分の子どもの中から会社の経営者としての最適者を選ぼうとするほどの無意味さである。

最近のネオ・ダーウィニストたちは、最適者概念のこの頼りなさを知って、結局はどれほどたくさんの子孫を残せるかを最適者概念に繰り込んで成功したと、自慢している。しかし、それも「自然淘汰」理論の枠内の変更でしかない。ある理論の枠内で改良をしようとしても、その理論の根本的な誤謬や根本的弱点は解消されない。

ダーウィンにとって一番大きな難問は、動物に時々見受けられる不適者としかいいようのない者の存在である。獣たちに見られる「無毛性」こそ、その最大の不適者である。しかも、その特徴こそは人間の特徴でもある。これは避けて通れない。ダーウィンが『人類の起原』の膨大な部分に、ありとあらゆる動物の「第二次性徴」をとりあげたのには、そういうわけがある。だから、この本を人間の裸化をダーウィンがどのように解釈したか、という一点に集中して読むと、ダーウィンの七転八倒がよく見える。

最適者概念は、獣たちの無毛性に出会うと崩壊する。

ダーウィンにとっては、生物の進化の機構は「自然淘汰」だけではなさそうだという予感は最初からあった。だから、「獲得形質の遺伝」も承認しているし、「性淘汰」もあると言う。しかし、「最適者生存」は譲れない。このために無毛の起原を語る時、無毛も「最適者」だと言わなくてはならない。だが、これは難しい。毛皮があるから獣なので、その毛皮を失うのでは最適者概念が崩壊してしまう。

ダーウィンが無毛という「けもの」たちにとって例外的な意味をまったく掘り下げようとしないのは、このためである。

水中生活者が無毛であることを、先に見たようにダーウィンはぬるり、するりとすりぬけているし、「無毛の熱帯起原仮説」もあっちではいいと言い、こっちでは違うと言って、つるりとすりぬける。さらに、熱帯地方では毛のないほうが寄生虫を避けるためにはいいという「寄生虫仮説」を「熱帯にすむ多くの四足獣が、ダニや寄生虫からのがれるなにか特別の方法を獲得していないことから」と否定する。ここにも、

「最適者生存」観念の呪縛がある。ダーウィンにとっては、裸の皮膚は生存に適しているのかいないのか、決定できない特質なのだ。そのような例に直面したために、それぞれの具体的な例に正面きってぶつかるということをやめて、すりぬけるのである。

つまり、裸の皮膚のような形質は生存に適しているとは言いがたいものだから、「最適者生存」の説明が難しい。そこでダーウィンが提唱するのは「性淘汰仮説」である。

性淘汰とは何か?

「性淘汰は、人の特徴については自然淘汰では説明できないために、新たにつくりだされた概念というわけではない」と、ダーウィンは『人類の起原』第二版の序で述べている。すでに前著『種の起原』のなかで「雌雄淘汰」としてとりあげていたのだと。たしかに「第四章　自然淘汰或は最適者の存続」において「雌雄淘汰」を取り上げている。

この形の淘汰は……一つの性、一般には雄性、の個体の間の異性所有のための闘争に依存する。その結果は競争に敗れたものの死ではなくて、その子孫が少なくなり、あるいは無くなることである。雌雄淘汰はそれゆえ自然淘汰ほどきびしくない。（『種の起原』、堀訳、上巻一三二頁）

しかし、同じ節のなかで次のように言っていることは注目される。

こうして、私の信ずるところでは、ある動物の雄および雌が同一の一般的生活習性をもっているが、構造、色彩、あるいは装飾において違っているときには、その相違は主として雌雄淘汰によって生じたのである。（一三四頁）

性淘汰をこれほど明確に示した言葉もない。

性淘汰が説明するのは「雌雄の相違」である。ダーウィンは『人類の起原』では、人間の無毛を性淘汰で説明する。だが、人間が裸であるということは、むろん両性に共通する特徴である。この矛盾をダーウィンは次のように言ってすりぬける。

私がなによりもよいと思う見方は、人間、最初はとりわけ女性が、性淘汰のところで述べるように、装飾上の目的のために毛を失うようになったという考えである。(『人類の起原』、「第二章　人間は下等な生物からどのようにして発達してきたか」、前掲第一〇フレーズ)

この文章の巧妙さには、驚くほかはない。「最初はとりわけ女性が」という修辞を置くことで、『種の起原』での断言(つまり、両性での相違)をうまくフォローしている。ダーウィン主義者なら了解するだろうが、いったん疑いを持ってしまった者を説得するだけの力は、ここにはもはやない。

世のダーウィン支持者に覚えておいてほしいのは、彼はここで性淘汰とは「装飾上の目的のために」とはっきり言っていることである。それが性淘汰の意味である。ダーウィンにとっては、性淘汰は生存上の、繁殖上の動因ではなく、装飾上の動因なのである。しかし、裸の皮膚が装飾だろうか？　逆に聞けばいい。毛皮は装飾か？　たしかにオスのライオンのたてがみは、装飾だろう。なぜなら、メスにはないから。しかし、ライオンの毛皮は装飾ではない。なぜなら、両性ともに毛皮に覆われているから。では、それを失っているのは装飾のためか？　部分的な喪失なら、そういえるかもしれない。しかし、両性とも全身の毛を失っているとしたら、それは装飾ではない。

人間の裸の皮膚は性淘汰で説明されるか?

ダーウィンは、性淘汰が「両性の相違」を説明するのだとした。しかも、性淘汰は人間の無毛性を説明するのだと、断言もした。そうなると、明白な証拠で人間の無毛性は女性から始まったことを証明しなくてはならない。それを説明するダーウィンの言葉はこうだ。

人間の男女間にみられる相異は、たいていのサル類の性差よりも大きいが、マンドリルのようなサルほどには著しくない。(『人類の起原』、「第十九章　人間の第二次性徴（一）」、四九二頁)

この奥歯に物のはさまった言い方が、ダーウィンの文章の特徴である。ここではダーウィンは『種の起原』の断言とこの本との整合性をはかろうとして「人間の性差は大きい」と言おうとしている。しかし、サル類を見回してみれば、まったくそんなことはない。人間の性差は、乳房以外では体の大きさや脳容量やあごひげなど、程度問題でしかない。これに対して、サル類では、それも種によってまちまちだが、体の大きさ、犬歯の大きさや毛や肌の色などのさまざまなバラエティの性差がある。もっとも性差は生存には関係しないので、性差が大きいとか小さいとかを評価できるわけではない。たとえば、クロキツネザルのようにオス・メスでまったく毛の色が違う場合は、まるで別の種のように見えるほど性差は大きく見えるが、だからといって、鼻の巨大なテングザルの性差より大きいということが適当かどうか。つまり、性差が大きいかどうかを評価する基準はない。その事実に目をつぶって、「人間の性差は大きい」とするダーウィンには、それなりの下心がある。

では、人間の性差には何があるのか？

男は女に比べると、肩がいかり、筋肉は隆隆と発達し、背が高く、体重は重く、力が強いのが普通である（前掲書、四九二頁の続き）。男は女より勇敢で、好戦的であり、精力的で、しかも豊かな独創性に恵まれている（前掲、下段）。全身の毛の生え方についていえば、どの人種でも女は男ほど毛深くはない。（前掲書、四九四—四九五頁）

面白いことに、ダーウィンは性差とは第二次性徴だとはっきり表題で示し、ここまで性差を言いながら、人間の第二次性徴のリストを挙げることをしていない。そのためにあごひげが第二次性徴なのかどうかさえ、本文を読む限りでは曖昧なままである。

あごひげや体の毛の多い少ないは、人種間ではもちろん、同じ人種でも部族によって、あるいは家族によっても、男では著しく違っている。（前掲書、四九五頁下段）

と、あごひげの問題についてもぼんやりした言い方しかしない。当たり前である。広く人間全体を見れば、あごひげのあるなしは個人的な特徴でしかない。私があごひげを伸ばし始めたのは、三〇代の初めに中国に行くことがあって、むこうではヒゲのある人が少ないから、伸ばしていると尊敬されると聞いて始めたくらいである。つまり、あごひげ程度は性差と言えるかどうかあやしいものである。だが、ダーウィンがあごひげにこだわるのは、別の意図がある。事実の細部については、上記のように正確な言い方をしても、全体としての雰囲気は男のあごひげを印象づける文章になっている。ダーウィンの論法を見るときには、ここが重要である。

第二次性徴は定義によれば「第一次性徴以外の性に付随する特質（例えばシカの雄の角、ライオンの雄のたてがみ、哺乳類の雌の乳房など）」であり、第一次性徴とは「狭義には生殖腺、広義には付属する生殖器の特徴」（いずれも『広辞苑』より）である。あごひげを第二次性徴とはっきり言いにくいのは、それが人種でも個人によっても非常に違った特徴だからである。だったら、そう言えばいいのだ。だが、ダーウィンはこの点についてもぼんやりさせたまま話を進める。なぜか？　男は女より体毛が多いという第二次性徴を印象づけるためである。この問題については、はっきり物を言うと、間違いになるし、言わないと「性淘汰」仮説を証明できない、からである。

人間の社会で性淘汰があったかどうかは、結婚の様式がどうであったかにかかわっている、とダーウィンは考える。群婚や乱婚などが一般的なら、性選択が働くはずもない。だから、一夫一妻か一夫多妻の結婚様式だったのだろう、と推定する。しかしその根拠はない。多くの民俗学者は、群婚が一般的だったと言っているとダーウィンも引用する。

この問題をじつに詳細にわたって調査し、私などよりはるかに的確な判断力をもつ人々がいるが、その人たちはいずれも群婚（この表現は多くの人々に支持されている）が世界じゅうどこでも最初におこなわれた普遍的な結婚形態であり、そのなかには兄弟姉妹の近親婚まで含んでいると信じている。（前掲書、五二四頁）

しかし、それにもかかわらずダーウィンはあくまで一夫一妻か一夫多妻による性淘汰を強調する。そうでないと、理論の基盤が崩れるからである。

時の流れを可能なかぎり古くまで遡り、また現在生きている人間の社会的慣習から判断すれば、男は大昔にはそれぞれ一人の妻、あるいは、男がもし強ければ何人かの妻といっしょに、小さな共同体のなかで生活していたもので、自分の妻を自分以外のすべての男たちにとられないように嫉妬深く守っていたのだという見方が、いちばん真実に近いのではなかろうか。（前掲書、五二七頁）

こうして、ダーウィンは共通の認識だったはずの群婚を、認めないという立場を貫く。しかし、人間の結婚形態はじつにさまざまである。あまりに雑多な未開民の結婚形態を通覧して、ダーウィンはため息をつく。

このように未開人の間には、性淘汰のはたらきをひどく妨げたり、極端な場合にはそれを完全におさえてしまうような習慣が、いくつもあることが明らかである。（前掲書、五三二頁）

だが、ダーウィンはあくまで最後のところでとどまる。未開人の実際はどうであれ、想定上のより原始的な人間の間では、彼の仮定に適した状態があったに違いないと。しかも、その性淘汰も強かっただろうと言う。

性淘汰がどのような影響を与えたにしても、その影響はいまや全く影をひそめたわけではないが、現在よりも昔のほうがはるかに強かったことであろう。（前掲書、五三二頁）

これは理論ではない。

人間の裸化はなぜ起こったのか？――ダーウィンの説明

人間に性淘汰があるのかないのかは、ダーウィンの説明を順に見てきても、ほとんど意味のない断定でしかない。しかし、ダーウィンはこれで性淘汰が人間でも証明されたとして、人間の無毛性についてとりまとめる。

体に毛がなく、顔や頭に毛が多いこと

(一)人間の胎児には、ヒツジの毛のような、いわゆるうぶ毛が生えており、またおとなになっても全身にその毛が痕跡的に残って、まばらに生えていることから推測すると、人間の先祖は、生まれたときから毛深く、終生その毛をもっていた動物であったと考えてよいだろう。(二)暑い季節でも、暑い地方でも、毛を失うことは人間にとって不便であるし、おそらくは有害になるだろう。なぜならば、毛がなければ、人間は太陽の炎熱に直射され、また特に雨降りのときなどには、急に寒さに襲われることになるからである。

(三)ワラス氏がいっているように、どの地域の原住民でも、ちょっとしたものを好んで裸の背中や肩にかける。(四)皮膚に毛がないことが、人間にとって少しでも直接のプラスになるとはだれも思わない。(五)したがって、人間の体から毛がなくなったのは、自然淘汰がはたらいたからだということはありえない。(六)また前のどこかの章で述べたように、これが気候の直接の作用だという証拠もなければ、相関成長の結果だという証拠もない。(七)体に毛がないということは、ある程度まで第二次性徴の一つだといえる。(八)なぜならば、世界じゅうどこにいっても、女のほうが男より毛が少ないからである。(九)だから、この特徴は、性淘汰によって獲得されたと考えても不合理ではなかろう。(前掲書、五三七—五三八頁、原文は資料2、番号は私がつけたもの)

ダーウィンは、人間が毛を失うことは、それがたとえ暑い地方でも有害であり(第二フレーズ)、直接のプラスはない(第四フレーズ)と、裸の皮膚が気候や生存に適した特徴ではないと、はっきりと言う。

ダーウィンは前々年に出版されたウォレスの著作を読んでいて、人間の裸の皮膚を説明する時の自然淘汰理論の難点をあらためて痛感している。

だから、ダーウィンは自然淘汰理論の補完として性淘汰をあらかじめおいていたことを、密かに誇ったのかもしれない。しかし、今までのダーウィンの記述では、裸が両性間で相違する形質だとはとても言えない。その上、性淘汰の働きを弱める未開民のさまざまな行動も分かってきた。だが、それらを認めると、性淘汰が意味をもたなくなることを、ダーウィンは知っている。だから、強引に人間の無毛性は第二次性徴だと断言する（第七フレーズ）。

第二次性徴なら、性淘汰で説明できると、ダーウィンは思っている。

しかし、ダーウィンが「第二次性徴の一つ」と言って、「なぜならば」と挙げる理由は、またしても言いぬけになっている。「女のほうが男より毛が少ないから」というこの毛のイメージは、胸毛やあごひげなどを読者に強制している。この各個人でさえさまざまな体毛の例を除いたなら、どうして女は男よりも毛が少ないと言えるだろうか？　ダーウィンが女に少ないと言っている毛とは、飾りの毛の多さ、少なさにすぎない。体全体という生存にかかわる領域に、体を防御する毛がないということでは、男女ともまったく変わらない。そして、自分の頭の毛を考えれば、ダーウィンだって分かったはずだが、女のほうが男より毛は多いのだ。

こうして、第一に「ある程度まで」という仮定で、「体に毛がないということ」を第二次性徴とし、その理由として事実無根の「女のほうが男より毛が少ない」ことを挙げ、それらを理由として「だから」と無毛化は性淘汰によって生まれたと説明する。これが、ダーウィンの手法である。

これは、つまりダーウィンの敗北宣言なのだ。人間の裸について、ダーウィンは自然淘汰では説明できなかった。そこで、人間の両性に共通の裸の皮膚を程度問題に格下げしてしまって、性淘汰で説明する。だが、裸の皮膚が装飾的なものか！

ダーウィンはむろん、この論理上の矛盾と強弁のむなしさは知っていた。『人類の起原』「第二十章　人間の第二次性徴（二）」の「要約」では、ダーウィンはこう語っている。

人間の歴史において性淘汰が果たした役割について、これまでに述べた考えは、科学的な正確さに欠けている。（前掲書、五四三頁、原書九二四頁）

やはりダーウィンは知的廉恥心を持っていたのだ、と安心してはいけない。ダーウィンは二枚腰である。そう書いた数行あとに、居直る。

しかし、人種の間で異なり、また人間に最も近縁なサル類とわれわれが違っているのは、日常の生活習慣にはなんの役にもたたない形質においてであり、それは性淘汰によって変わったのだということを大いに考えてよい、ということがわかった

のである。(前掲書、五四三―五四四頁)

ここで無毛性とははっきりは言わずに、「日常の生活習慣にはなんの役にもたたない形質」と、例によって論点をぼかして、すりぬけようとしていることに注目されたい。前段の自己反省と後段の独断とは、際立った対照を示している。

ダーウィン病からの脱却

ここまできて、どうやら私はダーウィン病から抜け出ることができたようだ。彼の本がこれほどまでに強い影響を持ってきたのは、彼の挙げる例証の豊富さがあずかって力になっているが、それはどうやら、ある問題の焦点から思考をそらす役割を果たす具体化だったようだ。彼の著作を、裸の皮膚の問題という一点に絞って検討を続けると、それは入り組んだ迷路のようになっていて、まっすぐな論理の大道を通ってはいないことがよく分かる。

裸化の問題では、第一に分類群を整理して語る必要がある。カエルと人類を無毛性という視点で比べるとしたら、常識を疑われるだろう。生理的な、生化学的な要求の異なる動物群を比較して、その形態の特徴の類似性を語っても意味がない、つまり

「パンジーの花とチンパンジーの鼻を比較しても意味はない」。

性淘汰については無数の実例が挙げられるが、そのほとんどが昆虫や鳥類である。一三章中二章が哺乳類、二章が人間である。しかし、生理的なレベルが異なる動物群を同じ考察に加えることは、今でもいろいろな学者がやっているが、いつも大いに問題がある。

第二、仮説はその適用範囲をはっきりと限定しなくてはならない。仮説はまず、少数の事実を説明することから始まる。それができてから、他の多数の事実の説明に向かわなくてはならない。しかし、「自然淘汰」理論は、そのようには作られていない。最初に原理があり、そこから事実を説明しようとする。原理が曖昧であればあるほど、事実をそれによって説明することは簡単である。「性淘汰」理論は、この曖昧さを最大限利用した仮説としか言いようがない。それは「自然淘汰」理論も同じである。

私たちは結局、すべてを理解し、すべてを統括する理論をもつことはできないから、仮説と言おうと理論と言おうと、適用範囲については、謙虚さが求められる。それは人間型知性の限界を知ることとも言えるだろう。

第三、異なった分類群の動物の行動の原理を人間に適用することは、まったく意味がない。生理的、生化学的要求の異なる動物群の間の行動の意味を同じ基盤で説明しようとするのは、無謀である。

たとえば、「刷り込み」を人間にあわせて説明しようとする無意味さを知れば、明らかだろう。孵化した最初に出会ったものを母親と思って従うという鳥の、しかも特定の種の行動を人間にあてはめるのは無意味である。

多くの研究者は、この裸の問題を避けて通っているので、ダーウィンが『人類の起原』で証明したかったのは、実にこの問題だったこと、しかもその証明に完全に失敗したことを忘れている。だから、ダーウィン著『人類の起原』の翻訳『人間の進化と性淘汰　I』（長谷川眞理子訳）に付属した「解説」のひとつ「人類の進化と多様性の理解」で、内田亮子（執筆当時千葉大学文学部）は以下のように述べる。

ダーウィンは『人間の進化と性淘汰』の中で、人間の特徴として、直立二足歩行、拡大した脳と知性、手の器用さ、縮小した犬歯などをあげている。（二二三頁）

こうして、彼女は人間の裸の皮膚の問題には、まったく触れていない。人間の裸の皮膚は他の動物に比べた時の「最も著しい違い」とダーウィンが言ったのに、いったい学者はどこを見ているのだろう。これは、世の学者たちの視野をよく示している。つまり、めんどうな裸化の問題はとりあげまい、それは別に大きな問題ではないよ、と。しかし、学者たちにとっては厄介なことに、謎や驚異を見張っている眼は、いつもある。

第四章　裸の獣

気がつくと雨はあがり、星空が広がっている。マダガスカルの夜空には天の川が、光る雲か輝くかすみとも見えるほどである。夜空を埋めつくす星々を遮断するほどのこの光の帯は、吹き上げる光の噴水のように天空を飾っている。この風景を毎晩見ることができるのが、この世界に住む幸せである。

しかし、あまりの衝撃に、私は虚脱していた。ダーウィンから離れるのは自分でも思ってみなかった冒険であり、ダーウィンの矛盾のひとつひとつの点検は、非常につらいものだった。こうやって人は、偶像を失ってゆくのだと痛切に思った。

「これを公表するのは、勇気が必要ですねえ」と雑賀さんは同情してくれる。公表して、世の中からまったく無視されればもっとがっかりするだろうが、やっておかなくてはならない。

「そうですよ。公表しなくては、誰も分かりませんから。私も聞いてみて、はじめてそうかな、と思うのですから。でも、相手は世界の巨人です。たいへんですね。しかし、ダーウィンは一九世紀の人でしょう。その時代にはほんとうに革命的な考えだったのではないですか。でも、二〇世紀はそれに呪縛された、というか」

もう一度、星空を見上げる。しばらく見ていると、ヤシの葉の黒い影のすぐ上で星が流れた。あれも、私にダーウィン理論を捨てさせるきっかけにはなっている、とふたたび思う。この世の驚異の生命の多くは、偶然に作られたのだが、その偶然が必然の確率の中にあるという不思議を思う。だが、それを今話すのは、まだ早い。ここでは、ダーウィンから離れて、もう一度事実の証拠固めをやってみなくてはならない。それは、手間はかかっても心楽しい作業である。

裸のけものたち

ダーウィンがやり残した仕事を、最初から組みなおしてみよう。体全体を覆う毛皮をもたない哺乳類には、なにがいるのか、と。

イギリス人の動物学者デズモンド・モリスは、毛のない哺乳類を以下のようにまとめている（『裸のサル』、日高敏隆訳、一九六九、数字はまたも私がつけたもの）。

（一）毛がなくなるとするならば、そこには毛を消滅させるべききわめて強力な理由がなければならぬ。わずかの例外をのぞけば、このような大変化は、哺乳類が完全に新しい環境へ進出したときにだけおこっている。(二)飛ぶ哺乳類——コウモリ——は、翼を無毛にせざるをえなかったが、他の部分は完全に毛を残しており、とうてい裸の動物とはいいがたい。(三)ケナシモグラネズミ(ハダカデバネズミのこと—引用者)、ツチブタ、アルマジロのような地中生の哺乳類の一部には毛がすくなくなっているものがある。(四)クジラ、イルカ、イシイルカ、ジュゴン、マナティー、カバのような水生哺乳類も、体全体が流線型になる一環として毛を失った。(五)しかし、地表にすむ哺乳類については、地面を走るものであれ、樹上を歩きまわるものであれ、すべて密な毛皮をもつことが原則である。(六)サイとゾウ(かれらにはかれらなりに体温調節の問題がある)というばかでかい動物をべつにすれば、(七)裸のサルは、他の何千という、皮膚が毛におおわれた地上性哺乳類からかけはなれた存在なのである。(前掲書、一四頁)

こうして、モリスは毛を失う強い理由に、環境変化を挙げる。空、地下、水中と挙げて、人間ばかりはこういう哺乳類のまったくの例外である、と結論づける。しかし、「きわめて強力な理由」は「完全に新しい環境へ進出」(一)と言ってたちまちコウモリで失敗する（二）。地中生活者はモグラのように毛があるのがふつうである。ツチブタにも毛はある。つまり、事実誤認をする（三）。水生哺乳類に毛のあるカワウソなどはとりあげないで、流線型だからと理由にならない理由をつける（四）。地表では毛があるのが原則（五）と言ったとたんに、大型獣の例外（六）。

この八方破れでもまったくかまわない性格の強さが、モリスの成功の秘訣なのだろう。しかし、興行的には成功はするだろうが、これでは自然科学は成り立たない。このことは、モリスの思惑とは逆に、哺乳類の裸化は、空、地上、水中、地中という環境条件とは、まったく関係がないことを示している。

しかし、このモリスのでたらめさが驚異なのは、この論理的破綻はかえって、「裸のサル」はごく特別であるというたったひとつの目的を際立たせるためには、きわめて有効だ、ということだ。ダーウィン流儀のサブリミナル手法も、モリス流儀のサブリミナル手法もある。理詰めの話は皆同じで面白みがないが、サブリミナル手法は千変万化というところがあって、しろうとを説得するためには効果的かもしれない。

しかし、このモリスの変な文章は、問題がどこにあるのかを本当は自分でも分かっていないためだ。必要な事実を網羅しない、事実を確認していない、事実を取りあげる原則が決まっていない、事実の括り方が思いつきである、という四拍子揃った無原則さである。これでは、毛のない哺乳類の全体観はつかめない。

モリスが挙げているツチブタは、確かに強力な穴掘り手だけれど毛で覆われているし、第一地中生活者ではない。また、アルマジロと一口にいっても、そのすべてが地中生活者というわけでもなく、背中の甲羅は特徴としても、そのすべてに毛がないわけでもない。アルマジロ科（貧歯目）には八属二〇種もいるのだから、いろいろなのがいるのは当たり前で、ヒメアルマジロ属の二種では腹には毛が密生している。モリスは挙げていないが、有鱗目のセンザンコウ科にも毛はない。これには二属七種がいるが、腹や四肢の内側の毛のある一部分を除くと全身硬い鱗に覆われている。この鱗は哺乳類のふつうの皮膚からはるかに離れていて、英語で鱗を意味するスケールは「（ヘビ・トカゲ・センザンコウなどの）鱗」である（分類はNowak, 一九九九に、和名は今泉吉典、一九八八に準拠した）。

こうして生物学者はめんどうな問題に出合う。裸の哺乳類だけでなく、毛がなくても甲羅や鱗があるものがある。しかし、外の環境から体を守る手段をもっていれば、それが毛であれ、甲羅であれ、鱗であれ、同じことだ。甲羅や鱗が毛の果たす役割、つまり温度変化をやわらげ、衝撃を防ぎ、有害な太陽光線から体を守るという役割をもっているのなら、毛に代わるものはあることになる。つまり、こういう甲羅や鱗をもっている動物は、裸の哺乳類のリストからはずしたほうがよい。この新しい基準で、ほんとうに裸の哺乳類をとりあげると、次の動物たちが揃う。

翼手目のオヒキコウモリ科ハダカオヒキコウモリ属一種（*Cheiromeles*）、齧歯目《げっし》デバネズミ科のハダカデバネズミ属一種（*Heterocephalus*）、鯨偶蹄目クジラ亜目の全種八科七七種、食肉目のセイウチ一科一属一種とアザラシ科ゾウアザラシ属（*Mirounga*）二種、長鼻目（ゾウ類）一科二属二種の全種、カイギュウ目（ジュゴン類）二科三属五種の全種（うち一属一種は絶滅種）、奇蹄目のサイ一科四属五種の全種（一種には問題があるが）、偶蹄目イノシシ科バビルーサ属一属一種（*Babyrousa*）、鯨偶蹄目カバ科二属二種の全種、そして霊長目のヒト科ホモ属ヒト一種。

裸の哺乳類の共通点

これらの哺乳類には共通点をもつ分類群がいる。クジラ亜目、カイギュウ目は完全な水生で、一生を水中で過ごす。こういう哺乳類には毛がない。また、長鼻目、サイ類、カバ類という巨大陸生哺乳類も毛がない。それには例外がない。

「えっ？　アザラシとか、ラッコとか、カワウソとかは、どうなるんですか？　水中生活者だけれど、毛皮がありますが」

そんなことはない。彼らは一日のある時間、一年のある期間は陸上で過ごす。それは完全な水中生活者ではない。

水中生活者、つまり一生海や川や湖の水中から離れて生活をすることがない哺乳類は、共通して毛がない。完全な裸になる。この水中生活者に例外がないことは、水中生活には裸を保障する物理的な要因があることをはっきり示している。それはダーウィンが言うような「水の中をすべるように進むのに有利」という理由ではない。毛皮があるアザラシやカワウソも「水の中をすべるように進む」ことができるからである。

逆に、アザラシやカワウソのように陸に上がることがある一時的水中生活者には必ず毛皮があることが、完全な水中生活者での裸の利点を示している。陸上と水中とを往復する獣たちにとっては、毛皮は絶対に必要な装備である。彼らは毛皮の保温、保湿や太陽光線の有害な影響を避ける機能に頼らなくてはならない。しかし、完全な水中生活では、太陽光線の影響は空気よりもはるかに密度の高い物質、水によって効果的に遮断されている。

毛皮が断熱材になるのは、毛の間に空気をためるからで、これが外界の空気との間にクッションとなって外気が直接肌に当たらないようにしている。空気をクッションとして使う方法は、一時的な水中生活ならともかく、常時の水中生活では不可能である。水中生活では、毛皮の空気層による保温は物理的に不可能なのだ。そこで水中生活者は例外なく、皮下の脂肪層による保温という方法を採用した。

後にいろいろな裸の獣で見るように、毛皮を失うと保湿をどのようにするかが大問題となる。しかし、水中生活ではこれは問題にならない。つまり、完全な水中生活者は、保温問題だけを解決すればよい。そして、そのために空気断熱による毛皮では、物理的に不可能である。だから、例外なく毛を失う。

なぜクジラ亜目には三〇キログラム以下の種がないのか

クジラ亜目は陸上の二倍以上の広さの分布域を確保し、これまで地球上に現れたあらゆる動物のなかで最大の種を生み出しながら、なぜ小さな種を生み出さなかったのだろうか。その最小の三〇キログラムという体重は、陸上の哺乳類では大型の部類である。たとえば、ニホンザルの体重はメスならば六キログラムから一〇キログラム程度である。イヌでも、わが家のシェルティーはやや太って七キログラムだが、大型犬ではじめて三〇キログラムを超える。

この問題はむつかしい。いくつかの問答を考えてみた。

1．三〇キログラム以下のクジラ亜目はいたが、絶滅した。なぜ、それだけが絶滅したのか、という問題になる。

2．水中では小型化は難しい。食肉目のイイズナは体重三五グラムだが、食肉目の水中生活者のアシカ科、セイウチ科、アザラシ科でもっとも小さいものはカスピカイアザラシで八〇キログラム、五五キログラムともいい、ギネスブックにはオスで最大一二七キログラムどまりというが、いずれにしても桁が違う大きさである。つまり、水中生活には三〇キロ以上の体重が必要である。なぜ、必要か？

3．アザラシたちも小さいものは絶滅した、とすれば、やはり同じ問いに答えなくてはならない。水中生活はなぜ、小型種を淘汰するのか？

4．生命は水中という物理環境だけで、形を変えてしまう。例えば、水草の水中の葉と空中の葉の違い。クジラ亜目とアザラシたちの形がほとんど同じ流線型なのは、系統は違っても物理的環境が同じだから、である。水中生活は体を大きくする。同じ種でも北方の地域個体群のほうが大きくなるというベルグマンの法則の水中版であると考える。

5．水中での保温を皮下脂肪で行うと体が大きくなる。

クジラ亜目の世界

6．波の物理的衝撃に対応すると体が大きくなる。
7．細胞自体に体が大きくなる刺激がかかる。
8．体が小さいと魚に食われる。魚は多量の卵を産んで、この問題を解決した。哺乳類は水中にとどまれず、どうしても水面に出るので、危険が大きい。つまり子どもは大型でないと砂浜の亀の子の状態になる。海中では小型種を捕食する魚がたくさんいて、ニッチに空きがない。
9．小型種が食物源にすべき、甲殻類、海藻、軟体動物はすでに多くの魚がニッチを持っている。それにしても、なんとか頑張れないか。しかし、水中にいつまでもいられないのは、水中生活者としては、不利だろう。こういう場合は、魚に追いかけられると、逃げ場がない。岩陰に隠れても水面には出なくてはならない。
10．どの種もサメ以外からは捕食できない大きさということが味噌である。ではなぜ、魚はクジラも食うほどの大きさにならなかったのか。クジラが後からきたからだ。しかし、このクジラ物語には、どこか人類の進化物語を追いかけるような趣がある。

水中生活での保温は陸上とはちょっとちがうのではないか。クジラ亜目を調べるとその意味がわかりそうである。そこでクジラの世界を散歩してみよう。

クジラ亜目のクジラ、イルカ類は重さ一六〇トンに達するシロナガスクジラをふくむ巨大な哺乳類グループである。ウルトラサウルスなど恐竜の最大のものでさえ四五トン程度なのだから、クジラは史上最大の動物である。クジラ亜目は全陸地面積の二・四倍もある海域に加えてアマゾン川、インダス川や揚子江などの大きな河川に、哺乳類最大の分布域をもっており、じつに様々な大きさの種を含んでいる。大型の種はゾウよりも大きく、いくつかの種はヒトより小型で、もっとも小さいネズミイルカの仲間では三〇キログラムしかない。そして大小にかかわらずクジラ亜目のすべての種は裸である。ゾウやそれ以上に大きい種類では、毛皮なしでの温度調節が可能なので、毛がないことの理屈はつくが、問題は小型のイルカである。

小型のイルカたち

ネズミイルカの仲間は、ベーリング海からグリーンランド、スカンジナビア半島周辺まで、北半球の北極海周辺の比較的緯度の高い、水温の低い海域の浅い海に分布する。もっともかつてはもっと南の海域に分布しており、アフリカのセネガル沿岸では少数が生き残っている。いずれにせよネズミイルカは小さな体で冷たい海に適応している。

この小さなイルカが冷たい海で生きていけるのは、比熱の大きな水が温度調節に役割を果たしているのだろうという推論だけですむだろうか。ベーリング海のような冷たい環境で三〇キログラム程度の小型の獣が独自の保温機構がなくて生存できるだろうか。

コビトカバの例では、三〇〇キログラム程度なら熱帯の水中生活では、毛皮なしの温度調節はできそうだ、と考えた。推論を簡略にするために、陸上の熱帯では一トンが毛皮なしで巨大化だけで体温維持が可能な大きさの下限であるとし、水中では一〇〇キログラムがその大きさの下限だと仮定する。つまり、水は比熱が高く、温度変化がゆるやかなので、体温調節機構は一桁負担が少なくなる、と考える。比熱は温度によってかなり違うが、生物が生きていかれる環境の温度では、水は四・二、海水は三・九で、玄武岩の〇・八、鉄の〇・四、石墨の〇・六に比べると一桁違っている。だから、水は熱しにくく冷めにくいわけで、このために動物は温度管理が一桁楽になると仮定するのである。

仮定ばかり多いが、これは仮に基準を決めて論議を進めていこうというためにだけで、それで無理な説得をしようというわけではない。

一〇〇キログラム以下の小さなクジラ亜目の仲間は、次のとおりである。

カワイルカ科四種中三種。例外の一種は中国のヨウスコウカワイルカで一三〇〜二三〇キログラムである。他のアマゾンカワイルカなど小型種は熱帯の河川に棲む。しかし、ラプラタカワイルカはオスより大きなメスの最大のものが四三キログラム程度でクジラ亜目最小種の一つにもかかわらず、南アメリカの大西洋沿岸の南緯四二度〜一九度までの寒帯、温帯海域に分布する。

マイルカ科のコビトイルカ属二種（コビトイルカ＝アマゾンと南アメリカ大西洋岸熱帯海域に分布、ギアナコビトイルカ）、ウスイロイルカ属のうちシナウスイロイルカ一種（アラフラ海から南シナ海の熱帯海域）、スジイルカ属のうちハシナガイルカとクライネンイルカの二種はいずれも熱帯海域分布、マイルカ属二種（マイルカ＃、しかしこの種では大型のオスでは一〇〇キログラムを超えるものも知られている。ネッタイマイルカはインド洋の熱帯海域）、サラワクイルカ属一種（熱帯海域分布）、カマイルカ属のうち一種（カマイルカ＃、一五〜一七度の水温域、それ以上の水温域では見られなかった）、イロワケイルカ属四種（イロワケイルカ＃：生息海域表面水温四〜一六度、ハラジロイルカ＃、セッパリイルカ＃、コシャチイルカはアフリカ大西洋側ベンゲラ海流の寒流に分布するが、南緯三〇度以北の温帯水域）。

ネズミイルカ科のネズミイルカ属四種（ネズミイルカ＃、メガネイルカ＃、コハリイルカ＃、コガシラネズミイルカはカリフォルニア湾内のみに分布）、スナメリ属一種。

これらのうち北緯南緯ともに四〇度以上の寒帯の海でしかも寒流にも分布する種に#マークをつけた。

ペルシャ湾、紅海では平均水温が二〇度を超えるが、水温としては例外的で、地中海、アンダマン海、東シナ海の暖流の影響のもとで一〇度内外というところが、暖流の平均であろう。寒流は日本海、オホーツク海の一度前後を平均的水温として目安にしておく。

以上をまとめると、小型クジラ類は次のようになる。

カワイルカ科四種中三種。

マイルカ科コビトイルカ属二種、ウスイロイルカ属のうち一種、スジイルカ属のうち二種、マイルカ属二種、サラワクイルカ属一種、カマイルカ属のうち一種、イロワケイルカ属四種。

ネズミイルカ科ネズミイルカ属四種、スナメリ属一種。

一〇〇キログラム以下の小型のイルカ二一種のうち、一三種が温水域に分布し、八種が寒帯の寒流域に分布する。しかし、八種のうちイロワケイルカ属とネズミイルカ属で六種を占めているので、これらのイルカ類には特殊な体温調節機構があるのかもしれない。

小型イルカたちは陸上の保温限界の一トンより一桁以上小さくても、裸で保温ができている。だから、これらの小型イルカは、二桁小さくても、つまり一〇キログラムでも保温可能と仮定するか（最小のイルカでも三〇キログラムだが）、小型種は特殊な保温機構をもっていると仮定するしかない。なんと、保温の仕組みは水中の小型哺乳動物では特別であることか。

ジュゴンたち

カイギュウ目は完全に水中生活者であって、大型種は寒帯の海に、小型種は熱帯の川や海に分布するので、保温機構を簡単に説明できる。ベーリング海にいたステラーカイギュウは一七七〇年頃に狩猟によって絶滅したが、体重は五・九トンあったと推定されている。また体重三五〇キログラム程度のアマゾンマナティは、アマゾン川の暖かい水の中で生活している。ジュゴンは太平洋とインド洋の暖かい海域に分布するが、体重二三〇〜九〇〇キログラムと両者の中間的な大きさである。大型種は寒い海に、小型種は暖かな熱帯の川に、中間の大きさはその中間に、と説明できたようにみえる。しかし、動物界は一筋縄ではいかない。フロリダの暖かい海に棲むアメリカマナティは一・六トンもあって、サイの大きさである。カイギュウ目もクジラ亜目とおなじく、大型種も暖かい海にいることができるのである。

大型哺乳類の物理学

ゾウたち大型哺乳類に毛皮がないのも、物理学の問題である。

一立方メートルの水槽が、三六度で温められているとする。一トンの温血動物のモデルである。その内部に、一〇〇グラムあたり二五キロカロリーの若草五〇キログラム分の熱が加わったとする。植物食のモデルである。

この水槽は何度温度が上昇するだろうか。

五〇キログラムの若草からは、一万二五〇〇キロカロリーのエネルギーが発生する。生き物に必然のロスは、このさい考えないでおこう。一カロリーは一立方センチメートルの水の温度を一度上げることのできるエネルギーだから、一立方メートルの水の温度を一二・五度上げることができる。このとき、外に熱が拡散しないなら、水槽の温度は四八・五度まで上昇する。

風呂の適温は四二度から四三度だから、この温度ではたいていの人はゆだってしまう。これだけ体温が上がると、危険である。

さて、もうひとつの水槽を考える。一辺一〇センチメートルの立方体で、三六度である。これに、一〇〇グラムあたり一二五キロカロリーの肉一〇グラムの熱が獲得されたと考える。体重一キログラムの肉食の獣のモデルである。この水槽にも一二・五キロカロリーが加わるから、同じように四八・五度まで温度が上がる。

このふたつのモデル水槽では、いずれも生きてゆくのに危険なまで温度が上がっているので、その熱を外に出さなくてはならない。

放熱は水槽の表面から、と仮定する。実際には動物たちは尿や呼吸によって内部から直接に熱を出してしまう方法をもっているが、それは無視する。大型モデルの表面積は六万平方センチであり、小型モデルでは六〇〇平方センチである。つまり大型対小型モデルの体積比は一〇〇〇倍だけれど、表面積比は一〇〇倍でしかない。これが大きな違いとなる。

さらに仮定をおく。このふたつの水槽の全体を毛皮で覆っているので、小型モデルでは、ゆっくり放熱して適正体温を維持すると仮定する。この仮定に罪はない。事実に近づけたいだけである。放熱にかかる時間を考えなければ、小型モデルが放熱の適正モデルなので、一平方センチメートルあたり一〇・八カロリーの割合で放熱される。これに表面積をかけると約一二・五キロカロリーが放熱されて、小型モデルの水槽はこれでさしひきゼロ。温度は上がらない。

しかし、大型モデルの水槽では、そうはいかない。同じように一平方センチメートルあたり二〇・八カロリーの熱を外に出しても、全表面積からは一二四八キロカロリーしか外に出せず、一万一二五二キロカロリーが残る。じつに、とりこんだ熱量の九割までが、内部にたまってしまう。この結果、大型モデルでは体温は一一・三度上がり、四七・三度になり、放熱しない場合とほとんど差はなくなる。

小型モデルを放熱のためには適正と仮定すると、大型モデルでは餌を食べるだけで体温が上がってしまい、熱を外に出さないと自分の中で自分がゆだってしまう。そこで水槽の外側を覆う断熱材である毛皮をとってしまうという方法ができた、と考えるのである。

もっとも生き物の場合はある程度の大きさであれば、いろいろなやりかたで放熱ができるように対応できる。たとえばヒトは汗腺から水分を出して、発汗を促進し、犬は長い舌から水分を蒸発させて体温上昇を防ぐ。体温の上昇のうちで、生命維持にもっとも影響を与えるのは脳の温度上昇だから、それを防ぐ方法を効率化することで、体温上昇の悪影響を緩和することもできる。

しかし、いろいろな放熱方法をとることはできても、物理的限界はあるようで、それは熱帯地方では一トン程度であると見てよい。

熱時定数

じつは、直径一メートルの動物の熱時定数を計算した学者がいる（Spotila, *et al.*, 一九七三、シュミット＝ニールセン、下澤楯夫監訳、大原昌宏・浦野知訳、一九九五に引用された文献による）。熱時定数とは、ある物体の温度が周囲の温度に近づく速さで、これにはその物体の比熱とか、外部との熱伝導率（コンダクタンス）とかを、考えに入れている。また、この計算では、物体の内部に熱は生産されないと仮定されている。

直径一メートルの動物では熱時定数は四八時間であり、昼夜の温度差が四〇度違ってもその温度は五度しか変化しない。つまり、昼夜の温度差がかなり大きくても、この動物はいつまでも周囲の温度の平均の温度に体温を保つことができる、それも内部からの熱生産なしに。

気温が一〇度から四〇度の熱帯で考えると、この動物の体温は熱生産なしでも二五度で安定する。哺乳類の体温はネズミからゾウまで、大きさに関係なく三六度から三八度と一定なので、直径一メートルのこの動物は安定温度二五度から一〇度だけ体温を上昇させることのできる熱生産をすれば、生命が維持できることになる。この条件では、前に見たとおり五〇キログラムの若草の消化である。肝心なのは、この条件では一切の熱を維持する機構なしでよいという点で、ここに注目したい。つまり、直径一メートルの大きさの動物は、毛皮のような保温装置なしで、すなわち裸で、体温をいつも同じに保てるのである。

この計算で直径一メートルの球を考えているのは、立方体に比べると外部への熱伝導が一様だからで、先に仮定した一立方メートルの一トンの水槽とほとんど同じである。

サイ類には五種が知られているが、その最大のものは四トンもある。一トンを超えるサイには毛がないが、もっとも小さいスマトラサイは最大体重八〇〇キログラムと一トンを下回る。そして、スマトラサイには粗い毛がある。

ゾウアザラシやトドでは一トンを超える大型のオスにはほとんど毛がないが、より小型のメスには毛がある。一トンを境界線にするこの関係は、一トンを境にオス・メスの体の大きさが異なる哺乳類でも成り立つところが面白い。こうしてみると、一トンというのは毛皮のあるなしを区切るよい指標のようである。

大型哺乳類の例外と例外的哺乳類

しかし、キリンの問題が残っている。名著『アウト・オブ・アフリカ』の中で「それは丈の高い花のように見える」とカレン・ブリクセンが形容した、あの優美なキリンたちの問題である。

キリンたちにはたしかにみごとな模様の毛があって、広大なサバンナではゆっくりとゆれる頭が、花のように見える。キリンには一トンを超えるものがいるが、その体は一メートル四方の箱型や直径一メートルの球形どころではない。地面から頭の先までの高さが、四～五メートルにもなる。その細く長い脚と長い首の表面積は非常に大きく、全体が放熱装置だから、保温のための毛皮が必要になる。キリンたちについては、一トンを超えるものがいても毛皮があるのは、このためである。

マンモスには毛があったことが知られているが、それは生活する環境の気温が低いためだった。周囲の温度がマイナス一〇度からプラス一〇度という寒帯では、熱帯と同じ条件ではこの動物の生命を維持できない。一〇度程度の熱生産ではこのクラスの大型動物でも一〇度の体温しか維持できないので、哺乳類の生命維持に必要な三六度は確保できない。だから、熱の伝導を防ぐ毛皮なしには、直径一メートルの巨大動物でも寒帯では生活できない。マンモスが寒帯のシベリアで毛皮をまとっていたのは、このためである。

例外的なのは、セイウチやゾウアザラシのオスである。彼らは水中でも陸上でも生活するが、毛がない。これらの巨大アザラシ類のオスは、一トン以上あるが、棲んでいる海はマンモスの生活圏なみの寒帯である。彼らに毛がなくてもいいのは、より小型のメスが同じ条件で、毛をもって生き延びているので、大型のオスは毛がなくなってもいいだけの生理的な構造を持っているということなのだろう。むろん、この点については、将来の研究を待ちたい。

こうして、一トン以上の大型の哺乳類の裸の皮膚の問題には、水中生活者と同じように、物理的な理由があることが分かった。しかし、一トン以下の動物で裸のものもいる。そこにこそ、ほんとうの謎の動物たちがいる。それらはコビトカバ(*Choeropsis*)、バビルーサ、ハダカオヒキコウモリ、ハダカデバネズミ、そして人間である。

裸の子どもたちはどうなる?

マダガスカルの首都アンタナナリヴは、ほぼ南緯一九度の熱帯にあるけれど、標高一三〇〇メートルの高原の都市なので、一年中暖かで、気温差が小さく、そこで暮らすのは実に快適である。乾燥気候の熱帯の低地で、雨季の豪雨に痛めつけられた私たちの避難場所がアンタナナリヴだった。

そこへ雑賀さんから電話があった。「たいへんなことに気がつきました」と切迫した口調である。

「ドクトルの裸化仮説の焦点のひとつは、一トン以上の大型陸上動物は裸だということでしたね。それは物理的に説明がつくという」

そうそう、表面からの熱の伝導によってね。

「一トン以下の哺乳類で裸のものには、特別な理由と生存方法が必要になるということでしたが、この論理にはひとつの重大な破れ目があることを、僕は発見してしまったのです」

いやに、前置きが長いなあ。どこが問題なんです？

「赤ん坊です。たとえば、ゾウの赤ん坊はどうです。むろん一トンには足りません。しかし、赤ん坊には産毛はあるでしょうが、親と同じように裸でしょう？　裸化は生存に重大な危機をもたらすというお説ですが、それを否定するような証拠が、ゾウの赤ん坊にあるのです。ドクトルの裸化仮説の重大な危機ですよ。たしかに赤ん坊のゾウにも毛はあるでしょうが、あれくらいの毛をあるというなら、人類にも毛があることになりますからね。大型獣の赤ん坊からの成長を考えに入れなかったのは、ドクトルの理論の欠陥じゃないですか？」

雨あがりのアフリカゾウの群れ（撮影：島）

たしかに、一トン以上の哺乳類の裸を説明する時に、その赤ん坊のことを、子どもたちのことを考えていなかった。しかし、ダーウィンではないが、仮説提唱者には二枚腰のしぶとさが身上である。たちまち、あることに気が付いた。雑賀さんに自宅まで来てもらって、私の写真のアルバムを見せた。

「何ですか、これ？『マサイマラ、二〇〇〇』。ああ、ケニアの動物保護区に行ったのですね？」

長年の夢だったアフリカのサバンナである。さて、ここに二枚の写真がある。

「バルーンにも乗ったんですか？　ゴージャスだなあ。あ、この隣の美人、これ誰ですか？　あれ、この人、有名人じゃないですか？」

これこれ、余計な写真を見るんじゃない。問題は、このゾウたちの写真です。

「あれ、こっちを向いたゾウは何か食べているんですね？　あ、これ、見張りのゾウでしょう。後ろを子ゾウたちが通り過ぎていますね。大きな群れだったんですか？」

一五頭ほどの群れだが、問題はそこではない。ゾウの頭に注目されたい。

「あらほんとに、頭と背中だけが黒いですねえ。これは雨に濡れたためだとソウゾウします」

駄洒落を言っている場合じゃない。この日、私たちはバルーンに乗って空を流れる感触を楽しんだが、降りて朝食を摂っている間に雨が来た。野外パーティーを諦めて帰る途中に、このゾウの群れに出会った。ゾウたちが来る方向から雨が来て、私たちがゾウの群れに出会った時には雨は通りすぎていたが、ゾウたちはその雨に濡れたのである。だから、ゾウたちの頭や背中が雨に濡れて黒くなっているが、もっとよく写真を見てほしい。大きな母親ゾウの後ろについて歩いている、子ゾウの背中は濡れていない。

「ああ、本当に。でもお尻は濡れていますね」

そう、ちょっとだけね。では、こっちはどうだ。これが今回見た一番小さな赤ちゃんのゾウだ。鼻先は確かにちょっと濡れているが、体は濡れていない。

「これはお母さんのお腹の下に隠れて雨を避けたのだと」

そうそう、ゾウは穴を掘って隠れるわけじゃないからね。

「その時、ちょっと大きなほうの子ゾウも一緒に隠れたわけですね。お母さんのお腹の下から出ていた部分だけが濡れていると。そうすると、この子ゾウも分かってぃて、赤ちゃんゾウをお母さんゾウのお腹の下から押し出したりはしないということですね」

ゾウの赤ちゃんの防衛態勢

ゾウの群れを見ていていつも感心するのは、その細心の防衛態勢である。一頭の大きな雌ゾウはリーダーらしく、常に先頭を歩き、車の動きにいつも警戒を怠らなかった。そして、車が近づくと、必ず他のゾウたちと車の間に入って、車を見張ってぃた。こういう大きな雌ゾウは先頭と後ろに、あるいは横に必ずいて、いつも子ゾウや赤ん坊ゾウを守る態勢をつくっていた。これは非常に印象的だった。

ヌーやシマウマ、バッファローたちは、いくら車が近づこうが平気である。ここは保護区だから、狩猟を心配する必要がないからだ。シマウマたちよりもはるかに大きなゾウが、なぜこんなに神経質なのか不思議な感じがした。

それもこれも、子ゾウたちの防衛のためなら、よく分かる。毛に覆われた動物たちなら、そうそう心配なことはない。しかし、ゾウの子どもたちには毛はないので、雨、風、外敵、いっさいが直接の脅威になっている。ゾウの群れの構造は、弱い赤ん坊の防衛の構造なのだ。それは裸の赤ん坊を守る特別な方法である。アフリカゾウの姿は遠くから見ると、他の動物たちとはまったく違って、何か家のように見える。この外見は内実も表していて、大きな彼らの体そのものが、雨風の危急の時に赤ん坊たちを守ることができる安定した家なのである。

「でも、ですよ。これはたまたま雨が小降りで、上からだけしか降ってこなかったからいいですけど、嵐とか横殴りの雨だとか、そういう場合は困るんじゃないですか」

いい質問です。しかし、その時こそ、ゾウたちが細心の注意でつくった社会構造の威力が発揮される時だろう。まず、森の中とか、嵐を避ける場所を選ぶ、それから子ゾウを中へ、赤ん坊をお腹の下へ、外周を大きなゾウで取り巻くような態勢をつくるだろう。もしも赤ん坊が濡れても、彼らの大きな体の中は暖かく、赤ん坊の体温を危険なまでに下げることには決してならないだろう。彼らの日頃の細心の注意を見ていると、それは妄想でも空想でもないと私は確信する。

こうして、成長過程にあるゾウの子どもたちの裸の皮膚には、ゾウに特有の社会的な防衛方法が使われている。つまり、裸の皮膚には一トン未満では、特別な防衛機構が必要である。

「じゃあ、サイとかカバとかの大型獣も同じ構造ですか？」

それはまた別の話だと私は思う。それぞれの動物の種は独特の方法を編み出している。その方法は、野外で実際に見なければ分からない。こういう野生の動物たちは人間とは生存の原理をまったく別にしているから、人間があらかじめこういうことじゃないかと想像しても、ほとんどははずれるものだ。ただ、もしも彼らの雨の過ごし方を観察できれば、彼らの生存の原理はこうなのではないか、と類推はできる。野外の生態研究が重要なのは、私たちとは異なるこの生存の原理を知るためである。むろん、この生存の原理は人間社会での生存原理とは関係ないので、これをいくら知っていても立身と出世には役立たない。その上、金儲けには何のたしにもならない。

「ええ、それはもう……」

私を見ていれば、分かるって言いたいのだろう？

「自分でも少しは気がついています？」

現代人の生存に必要な、ある種の才能は、たしかに私にはないなあ。

第五章　特別な裸の獣たち

コビトカバ――謎のトンネル

ふつうのカバは最大四・五トンだから、サイより大きく、これは十分に巨大動物である。むろん毛皮はない。しかし、問題はコビトカバだ。これは一六〇キロから二七〇キロと一トンよりもはるかに小さいのに、スマトラサイのように毛があるわけではない。大きなカバとそっくりの裸である。

コビトカバは三〇〇キロ以下なのに、なぜ毛がないのだろう。

上野動物園のコビトカバを見せてもらったことがある。コビトカバは体長一・五メートル、体高一メートルだからまるまるとして小さく、とても三〇〇キロもあるとは思えない。ぬめりのあるつやつやした皮膚は、獣の皮膚というより大きなナマコのような感じさえする。

飼育係の方におだやかな性質のカバを推薦してもらい、頭にそっと触った。意外なほどやわらかく、滑らかである。そのやわらかさはヒトの皮膚といってもよい。優しくなでられるのが、このカバは好きなのだと、飼育担当の方は言った。外に出しておくと、カラスにつつかれてすぐ血を噴き出すほど皮膚は薄く、冬には乾燥してあかぎれのようにひびわれる。うすい表皮のすぐ下の真皮には血管が分布しているので、コビトカバがカラスにつつかれて血を流すのは、当然である。このようにコビトカバの肌はとてもデリケートなので、カバのように外に出ることは少なく、いつも水の中にいるという。その上、温度変化にも敏感なので、冬は水温を二〇度に保つように温めている。

コビトカバ（撮影：島）

コビトカバだけでなく、大型のカバもその皮膚は独特である。上皮と真皮は厚いが、その外側の角質層は極端に薄いために、皮膚からの水分蒸発量は人間よりも三〜四倍も多い。だから、カバは日光が照りつける日中に外に出ることができず、水中で過ごして脱水症にならないようにしなくてはならない。カバの皮膚には皮脂腺や汗腺がないが、赤い色の粘液を出す腺があり、その粘液でいつも覆われている。

動物園ではコビトカバは水中にいることが多いが、カバ以上に水中生活者かというとそうではない。それは彼らの目や鼻を見ても分かる。カバは頭の上に飛び出した目と鼻が特徴であり、目と鼻だけ水面に出して休むことができる。しかし、コビトカバの目は顔の横につき、鼻も前向きである。コビトカバは、水中にじっとしていても目と鼻だけ水面に出すという親戚の大型カバの芸当はできない。目鼻を水の上に出そうとすると、顔の上半分は水の上になる。コビトカバはカバの祖先種だと考えられていて、大型カバのほうがより水中生活に適した形をしている。

コビトカバは大型のカバほどには水中生活に適していないが、この大きさでも裸でいられるのはなぜだろうか。たぶん、それは彼らが水辺にいて、必要な場合には水中生活の利点を生かすことができる距離以上には、水から離れないことと関係しているのだろう。

コビトカバは西アフリカのリベリアなどで、森林地帯の水系の限られた地域に、数千頭が残っているだけである。コビトカバは単独かせいぜい二頭で行動し、大型のカバのように群れることはなく、昼間は沼や川の岸に掘った穴の中でじっとしているらしい。森林の沼の中にトンネルのような通路を造って、そこを移動するのだという(Robinson, 一九八一)。

コビトカバは川伝いにサバンナ近くまで行くことはあるが、深い森林のなかの水系をことさら好んでいて、夜間に陸上に出て木の葉、木の根、落ちた果実などを食べる。コビトカバの胃は四室に分かれていて、初めの三つの胃の上皮はケラチン化して丈夫で、これによって微生物による食物の分解を行い、最後の胃で栄養を吸収するが、盲腸はない。

この小型のカバは、その水系の生活環境やトンネルでの移動という特別な生活様式によって、その裸の皮膚を守ることができるのだろう。カバ類のように皮膚の角質層が薄い動物では、水分調節は重要だから、水系から離れない生活はこのことに関係しているのだろう。水は比熱がもっとも大きく、熱しにくく、冷めにくい物質なので、熱帯の気候で温められた水は、コビトカバの皮膚環境の温度の変化をゆるやかにするのではないだろうか。温度変化が少なければ、大型の動物の場合と同じことになるので、コビトカバには体温保持の助けになる。このために、小型のコビトカバが毛皮を失っても体温保持ができている可能性がある。

しかし、こんな説明のための説明よりも、実際のコビトカバの生活を見ることができれば、はるかに面白い事実が分かるだろう。その機会が、森林破壊とともにどんどん少なくなっているのは、ほんとうに残念である。

バビルーサ――古い謎と新しい謎

鯨偶蹄目イノシシ科のバビルーサには、毛の密なものから裸のものまで、さまざまな変異があるといわれているが、ふつうはまばらな剛毛があるだけで、ほとんど裸である。

バビルーサは、東南アジアのスラウェシ島とその近隣の島だけに棲んでいる。最初にヨーロッパ人が記載したのは一六五八年で、その時代にはすでにスラウェシの領主が贈り物用に、この珍しい動物を飼育していた。

イノシシ類の牙はふつう顔の脇に突き出すが、バビルーサのオスの牙は、上あごからまっすぐ上に向かって伸びているので、長い鼻としわに囲まれた小さな目との間の顔の中央部分から、剣が垂直に上に立てられているような外観になる。そして、成長するにつれてこの剣が後ろへ曲がってゆく。そのまま伸びれば頭に突き刺さるか、使えないほどに輪を作ってしまうのではないか、と定向進化の例として取りあげられたほどだったが、むろん実際にはそんなことはない。ただ、上あごの牙は頭の上でほとんど一回転するほどに曲がっている例があり、アルフレッド・ラッセル・ウォレスの名高い『マレー諸島』(Wallace, 一八六九) に、美しい図版で掲載されて、非常に有名になった。

バビルーサの分布と特異な牙

バビルーサの分布域はスラウェシとその近隣の島に限られている。スマトラ、カリマンタン、ジャワ、スラウェシ、フィリピンと小スンダ列島が集まっている世界最大の多島海では、イノシシはそれぞれの島々で別々の種が分布している。ヨーロッパイノシシはマレー半島とスマトラ、ジャワにも分布し、ユーラシア大陸のほとんどに分布する種だが、マレー半島とスマトラ、カリマンタンとフィリピン諸島ではヒゲイノシシ、ジャワではジャワイノシシ、スラウェシにはスラウェシイノシシが分布している。

バビルーサの上顎の牙は頭の上でほとんど一回転するほどに曲がっている例があり、ウォレスは『マレー諸島』（Wallace, 一八六九）の中で、その複雑な牙の機能について説明している。

しかし、牙が目の上やその前に曲がっていることから、もっとありそうな推測がされている。つまり、これらの牙は、バビルーサがラタンなどの刺《とげ》のある草や蔓の茂った藪の中で地面に落ちた果物をさがす時に、針や刺から目を守るものである、と。しかし、このアイデアも充分ではない。メスも同じような条件のもとで自分の餌を探さなくてはならないが、牙はもっていないからである。私はそれよりこれらの牙はかつて有用で、伸びるとすぐにすり減っていたのだが、生活のやりかたが変わって、それらが不要になったと信じるようになった。ビーバーやウサギの切歯も対向する歯で研がなければ伸び続けるが、それと同じ機構によってバビルーサの牙は奇怪な形になるまで伸び続けるのだろう。年寄りのバビルーサでは、牙は闘争のために折れているのがふつうだが、ときには信じられないほどの大きさになっていることがある。

ここで再び、アフリカのカワイノシシにこれに似たような牙があることを、我々は思い出す。その牙は普通のイノシシの位置からバビルーサの牙の曲がり方の中間にある。他の点ではこれらの動物に類縁はない。バビルーサは他の世界のイノシシたちとは何の似たところもなく、完全に孤絶しているのである。

イノシシのうち一種がこの島固有のようである。しかし、もっと興味深いのはイノシシ科のバビルーサ、あるいはブタ・シカである。マレー人は、長く、ほっそりした四肢と角に似た曲がった牙のためにバビルーサがシカに似ているといって、バビルーサをそう呼んでいる。この特別変わった動物の外観はブタに似ているが、落ちた果実を食べる時に鼻で地面を掘るというブタ特有の行動をしない。下あごの牙は大変長く、シャープである。上あごの牙は普通は下に伸びるものだが、この種ではまったく反対に上に伸びだして目の近くで後ろに曲がる。年寄りのバビルーサでは、この曲がった牙は八から一〇インチに達する。このとても変わった角のような牙が、何に使われるのかを理解するのは、とても困難である。昔の物書きはそれがフックに使われると書いている。つまり、曲がった牙で木の枝にぶら下がって休むのだと。

これは二一世紀の筆者が、一九世紀の話を面白くしようと思って無理に翻訳しているのではない、事実ウォレスはそう書いた。

最近の観察ではこの牙がオス同士の闘争に使われていることを示している。それも「しかし、本当か」というような方法である。

バビルーサはオスが二頭向かいあうと、一方は相手のあごの下に頭を入れて、相手の下あごの牙を自分の曲がった上あごの牙でからめてしまう。つまり自分の曲がった牙の中に、相手のまっすぐな牙を入れてしまうのである。こうすると、相手はまっすぐな牙を使えなくなる。その体勢では相手は頭をはね上げられて、喉をこちらに見せているので、そこをあいている下あごの牙で刺し、勝利をえるのである。

これも嘘のような話だが、『スラウェシの生態』(Whitten, *et al.*, eds., 一九八七)ではちゃんと絵までいれて説明している。それでもどうしても信用できないという疑り深い人は、その本の四一七頁を参照してほしい。

ともあれ、バビルーサはこの謎のような牙によってあまりにも有名になってしまった。なべて男たち、いやオスたちがくぐるメス獲得競争という過酷な競争では、涙なしにはそのアホとしか言えない器官についての物語を語ることはできない。ヒツジのオスの中には、頭の上に風船のように大きくなった角をぶつけあって力を競い、それで脳震盪《のうしんとう》を起こして倒れるものまでいるのだから、オスがメスに自分を売り込むためにはなにをしでかすか、それはしれたものではない。

しかし、どういうわけかウォレスも、『スラウェシの生態』(Whitten, *et al.*, eds.,

一九八七）の著者たちもふれていないが、バビルーサの特徴は完全な裸に近いたるんだ皮膚である。

バビルーサの生態について、ドイツの動物学者ゼルマイヤーがスラウェシのひとつの湾にあるトギアン諸島五〜二二ヘクタールという小さな島で、一九七八年から一九八〇年にかけて研究した記録がある(Selmier, 一九八三)。これは、オトナメス二頭、オトナオス一頭、子ども二頭の小さな群れだった。

バビルーサは湿地森林、竹藪、川や湖の岸に棲む。陸上で走れば速く、水中ではよく泳ぐ。スラウェシの周辺の島に分布するのは、よく泳ぐためで、海も渡るという。バビルーサは昼行性で、早朝に活動する。イノシシのように鼻で根を掘ることはせず、木の葉や地面に落ちた果実、たとえばパンギの果実やココナッツを食べる。さらに倒木を崩して昆虫の幼虫を食べるという。

バビルーサ

だが、バビルーサの生態は、今なおほとんど分かっていない。よく泳ぐことや木の葉や地面に落ちた果実を食べるという記述は、バビルーサとコビトカバの両方でまったく同じなので、バビルーサのニッチ（生態的地位）はアフリカのコビトカバと同じではないだろうか。

野外調査でもっともむつかしい場所は、森林内の河川、湖沼周辺で、そこは接近不可能な湿地である。バビルーサやコビトカバの生態が分からないのは、このような生活場所のためだろう。

バビルーサの裸の皮膚はしわくちゃで、コビトカバのつるりとした皮膚の感触とは対照的だが、裸の皮膚の水分補給問題を同じように水系近辺に棲むことで解決しているのだろう。

以上は生態資料の少ない動物たちだが、次に挙げる裸の獣については、ほとんど資料がない。ハダカオヒキコウモリ（翼手目オヒキコウモリ科ハダカオヒキコウモリ属）である。

ハダカオヒキコウモリ――空飛ぶ謎

デズモンド・モリスは、コウモリのような小さな動物は、毛がなくて生きていけるはずがない、と考えていた。しかも彼らは飛ぶわけだから、乾燥と温度変化が激しく、毛皮がなくては耐えられるはずもない。しかし、それは人間の考えにすぎない。生命はもっと多様であり、ちゃちな人間の推理や空想をはるかに超えている。このために、モリスだけでなく、人間は海中で発生したので裸になったという「アクア説」を唱えるエレイン・モーガンも、このコウモリについては一言もない。モリスやモーガンたちがとうてい考えおよばなかったハダカオヒキコウモリは、東南アジアの島嶼《とうしょ》地域に棲んでいる。オヒキコウモリとは「尾を引いている」コウモリというほどの意味で、他のコウモリに比べると尾が長い。

太い尾の大部分が尾膜から突出するがんじょうなコウモリで、この類のものは、なめし皮のようにじょうぶな膜でできた細長いつばさをもっていて、高速で飛ぶことができる。(今泉吉典、『世界哺乳類和名辞典』、一九八八)

ハダカオヒキコウモリは、このオヒキコウモリ類では大型で、頭胴長一二センチメートル、体重は最大一六七グラムになる。マレー半島、ジャワ、スマトラ、ボルネオ、フィリピン諸島南部にはハダカオヒキコウモリが、スラウェシ、サナナ、フィリピン諸島中部のミンドロにはコハダカオヒキコウモリが分布しているとされるが、この二種は一種だろうという説が昔からあり、私もそう考えている。

ハダカオヒキコウモリは、林や水田の上で飛び回ってシロアリやその他の昆虫を食べるらしいが、裸に関係する生態観察はない。

私が手がかりのない謎のコウモリについて呻吟《しんぎん》していた時、安間《やすま》繁樹さんがボルネオから帰国して、拙宅に見えた。安間さんは、一九七五年にイリオモテヤマネコの世界初映像を、いっしょに撮って以来の動物研究仲間である。

「ハダカオヒキコウモリ？　ああ、ブルネイで木の洞にいるのを捕まえたことがある」

ハダカオヒキコウモリ

彼はこともなげに言う。なんでも捕まえることができる人なのである。

「あれは頭などに細かい、短い毛があるけど、ほんとに裸で、その皮は厚くて丈夫だった。どこから見ても変なのは、このコウモリには翼をしまう袋があることで、この袋は体の側面についていて後ろ向きに口が開いている。この袋の中に翼をたたみ込んで、四足で歩く。どこから見ても、空飛ぶガマガエルだね」

私は息をのんだ。「袋の中に翼をたたみ込む！」。

木の洞だけじゃなくて、岩の裂け目や地中の穴で二万頭もの集団をつくると言われていますが。

「いや、私が見つけたのは木の洞で、二頭だけ」

山猫大人はそう答え、それらの貴重なコウモリはアルコール漬けの標本にしてブルネイ博物館に寄贈したといい、わが家にある限りのアルコール類を平らげて、また出発した。後日、彼はこのコウモリの写真を送ってくれたが、たしかにこれは口の大きなブタのような顔をしたコウモリで、袋の中に翼を収めているので、丸々している。翼袋は体の側面だけでなく喉にもあって、それが不思議な感じをさらに強めている。翼を入れる袋は、訳が分からないがともかく理由はあるような気がする。しかし、喉にある袋の意味はまったく想像の外だ。

このコウモリの袋は、うすくて毛のない翼をとりこんで、体温調節を楽にすることができるだろうが、地中の穴や木の洞で休んでいるか、そこを歩いている間の話で、高速で飛んでいる時に体温調節をどうしているのか、まったく分からない。

ハダカオヒキコウモリの謎はしばらく解けないだろうが、東アフリカの硬い土の中に棲むハダカデバネズミについては、ある程度まで生態が分かっている。それは、目も眩むほどの謎の動物である。

水中生活者、サバンナの超大型動物、水辺生活者、空中生活者、そして今度は土中生活者である。裸の獣をめぐる旅は、ますます多様で、ますます面白い。

ハダカデバネズミ——謎の中の謎

ハダカデバネズミの皮膚は、人の赤ん坊を思わせるほどピンクで柔らかそうである。アメリカの動物学者ポール・シャーマンらの研究によって、この不思議な生き物のことが少しずつ明らかになってきた（Sherman, *et al.*, eds., 一九九一）。

「どれくらいの大きさです？」と雑賀青年は基本的なことを聞く。

わずか三〇グラム、最小のネズミキツネザルと同じである。

「掌に二頭という大きさですね」とネズミキツネザルを偏愛する青年は、その大きさを比較して想像している。

この地中生活者の顔を正面から見ると、上下四本の大きな切歯が目立つ。デバネズミなる不名誉な名前はここから付けられている。デバネズミ科（五属八種）はアフリカの地中性のネズミの仲間で、その中でもっとも乾燥した地域（年間降水量七〇〇ミリメートル以下のエチオピア、ソマリア、ケニア）でもっとも硬い土を掘り、しかもそのトンネルが他の種に比べて桁はずれに長く（三キロメートル以上にもなる）、群れのサイズも桁違いに大きい（最大三〇〇頭）のが、ハダカデバネズミである。

しかし、なんと言っても目に付くのはその社会である。真社会性社会をつくる。

「なんですか？『真社会性社会』って」

この言葉は聞き慣れないかもしれない。ユーソシアル（eusocial）という英語を翻訳したものだが、このユーは「真実の」というギリシャ語由来である。つまり、これは「真実の社会」という意味で、この社会へのヨーロッパ人の命名には重大な意味あいがある。ただの社会ではない。この社会にはカースト（階級）があり、生殖と労働の分業がある。階級社会こそ「真の」社会である、という認識が彼らにはあるらしい。

「でもそれって、アリとかミツバチの社会じゃないですか？」

そのとおりで、シロアリ、アリマキにもあるこの特別な社会が、ハダカデバネズミの社会である。最大二七頭のアカンボウを年に四〜五回産む女王と一〜三頭の繁殖に参加するオス、彼らの生活を支え、子どもを育てる数十頭の労働者ネズミからなる七〇〜八〇頭、最大三〇〇頭の集団がハダカデバネズミの社会である。彼らは巣とトイレを共有し、食物を分け合う。

女王の体重は労働ネズミの倍近い（五三グラム）。女王はこの地中の巣で子どもを産み、哺乳するが、子どもを育てる他のネズミの上に重なっていることが多い。女王が死亡した場合など、社会が混乱した時には非常に激烈な争いが起こり、しばしば殺し合いが起こるという。

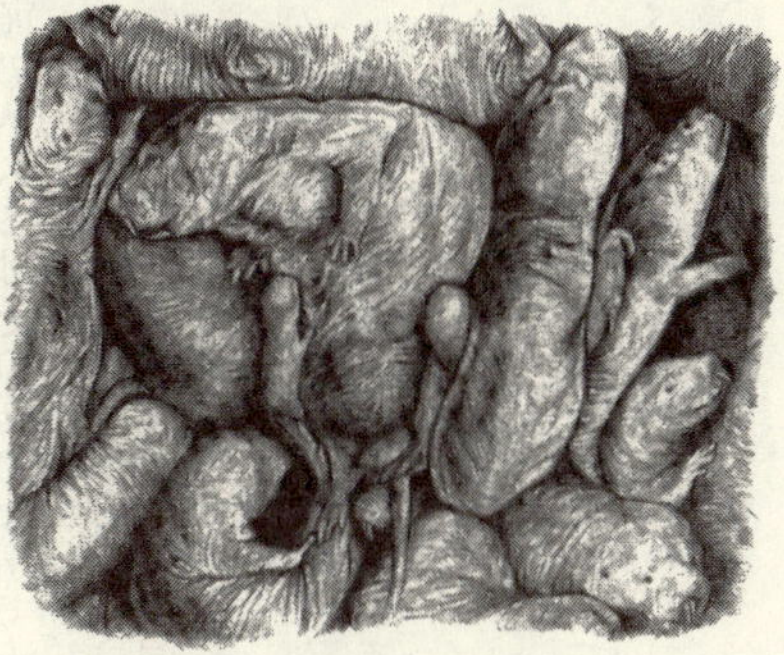
ハダカデバネズミの巣の中

ハダカデバネズミは代謝が低く、裸のために体温が奪われやすく、トンネルの温度によって体温が二六度から三三度に変わる変温的動物である。四頭以上でいっしょに抱き合うと体温が下がらないが、二頭だけでは体温が下がって生きていけない。彼らが生活している地中のトンネルの中は、外の環境と関係なく二八〜三二度、湿度は八〇〜九〇％に保たれている。湿度の管理はことに大切で、ハダカデバネズミを飼育するポイントとされている。

穴を掘るのは労働ネズミの共同の仕事で、先頭のネズミはその強力な歯で土を嚙み砕いて、土を後ろにまわし、次のネズミはその土の運び屋となって、穴の出口にいる土の蹴り出し専門のネズミに土を渡す。この蹴り出し専門のネズミを「火山屋」と呼ぶが、それは出口から噴き出す土ぼこりが、小さな火山のように見えるからである。「火山屋」にはオス・メスどちらもあるが、他の労働階級のものよりやや体が大きく、門番を兼ねているらしい。

トンネルシステムが完成すると、その入り口は土でしっかりと閉ざされる。その入り口の土の厚さは三〇センチから一メートルに達し、トンネル内部は完全に密室となる。

トンネルが壊されて地表まで続く穴が開くと、数分のうちに補修のためにハダカデバネズミの働き手たちがやってくる。壊したところに罠を仕掛けておくと、一日で三〇頭も捕獲できるという。

壊れたトンネルの修理が早いことは、このネズミにとって密閉したトンネルの温度や湿度が保たれていることが、生死を分ける重要さをもつことがよく分かる。

この目も眩むような、謎のなかの謎の動物ハダカデバネズミは、哺乳類が裸で生きてゆくための条件をみごとに指し示している。

彼らはアリ型の真社会性社会によって温度と湿度をコントロールし、地中の塊茎《かいけい》を主食にして、高温乾燥のエチオピアの半砂漠高原でも裸で生きてゆくことに成功した。それが、一トン以上の大型の動物でもなく、熱帯の水中や水辺に棲む動物でもない哺乳類が、裸で生きてゆく条件である。その条件とは、第一に温度と湿度を一定に保つ住居であり、第二にそれを維持する社会組織である。

この条件が人類でも同じなら、人類がその五〇〇万年の歴史のどこかで裸になったのは、乾燥と温度変化から裸の体を守ることのできる住居をつくり、それを維持する社会をもった時である。では、それはいつなのか？

第六章　裸体化仮説

私たちは荒野を歩いていた。草むらは時に腰に達するほどだが、枯れているのでかき分けるのに苦労はない。問題は、その草の実のトゲである。これがズボンから、靴の紐から、靴下から執拗に入り込み、肌を刺す。一時間も歩くと突き刺さったトゲがあまりに痛くて、立ち止まっては長い時間をかけて抜かなくてはならない。

「裸のほうが楽です」

上半身裸、裸足、短パンツのガイドを雑賀さんはうらめしそうに見る。このトゲは衣類の織り目からじわじわと侵入する。繊維の織り目に突き刺さって、それが動くたびに中に入ってくる。衣類の下まで入ると裸の皮膚にちくちくと刺さるのである。

「これは裸というより、衣類の問題のようですがねえ」

荒野を歩き、密林をさまようものは、こうしてつねに自分の裸体の本質を考える。都会の生活者には何の意味もないのだが。

「それにしても、裸では苦労し、服を着ては苦労しなくてはいけないわけですから、なぜ、人間は裸になったのでしょうねえ？」

さて、そこだ。「なぜ？」というのは、実に漠然とした問いかけで、いろいろな答え方がある。どういう答えを期待しているの？　と、問い直さなくてはならないほどである。それは裸になった機構を問うのか？　裸になる目的を問題にしているのか？　それとも裸の利点を焦点にしているのか？

裸になる目的は？と問えば、形而上学の領域である。こんな不利益な形質に目的があろうとは思えない。裸の利点は？　と問うのなら、ウォレスが喝破したように生存に有効であったはずがない。裸になる機構について言えば、毛のない獣たちを見て分かったように、裸を維持するためには、体温と水分を保つことが焦点である。つまり、人間程度の大きさとその生活環境から考えれば、裸は哺乳類としての失敗作であり、その維持のために、そうとうな無理をしなくてはならないだろうと予想できる。

哺乳類の裸化についてのここまでの知識をもとに、先人たちがこの難問題をどのように解こうとしたかを見てみよう。その苦闘のあとをたどるのは、これからの議論を整理する上で有益である。

それらの仮説のうち、海中起原説はなにしろ面白いので最後に検討することにして、まずは「胎児化」仮説から。

胎児化仮説

人間が裸なのは、胎児の特徴を成長してからも持っているからだ、という胎児化（ネオテニー）仮説は、人間の裸の皮膚を説明するだけではなく、ヒトの大きな脳やその他もろもろの特徴を、全部まとめて説明できるとされている。しかし、この説はひとりの日本人の科学者、地質学者で自然科学啓蒙家の井尻正二によって、完璧に論破されている（井尻、『胎児化の話』、一九九〇）。

「ちょっと尊敬口調ですが、ご存知の方で？」

個人的にはまったく知らないけれど、井尻さんの膨大な仕事は仄聞《そくぶん》している。私の師、故近藤四郎先生が、彼を祇園に案内して大いに感謝され、お礼として彼の全集が送られてきたという話は聞いた。

「井尻さんの全集は、君にあげればよかったなあ」と、わが師はおっしゃったが。ともあれ、彼が胎児化（ネオテニー）仮説を論破した手法は、空海以来の日本人の持つ健全な論理的能力を示している、と私は思う。

井尻さんはまず、ネオテニー論者が霊長類の胎児は人間のオトナに似ているという漠然とした議論の焦点を合わせるところから始める。いったい「胎児化」の証拠とは何か？　アメリカの動物学者グールドはヒトの胎児的特徴とされるものを、二五項目の一覧表にまとめている（グールド、『個体発生と系統発生』仁木帝都・渡辺政隆訳、一九八八）。そのなかには「体毛の減少、または欠如」を含めて実にさまざまな特徴がある。しかし、これでは、裸化を説明するのに、裸を根拠にしていることになる。堂々巡りである。

そこで、井尻さんは胎児化仮説論者のよりどころである、脳頭蓋底の屈曲を焦点にする。脳頭蓋底の屈曲とは何か。鼻の奥、脳の底の真ん中にあたる部分には左右に羽を広げた形の蝶形骨《ちょうけいこつ》があって、その前方は平らだが、後ろへは急に折れて、脊髄が通る大きな穴（大後頭孔）へ落ちこむように曲がっている。これが脳頭蓋底の屈曲で、胎児の時には、爬虫類、鳥類、哺乳類のすべてでこの屈曲が見られる。

胎児化仮説論者は「イヌではこの胎児の特徴がなくなって、脳頭蓋底はまっすぐになるが、ヒトでは脳頭蓋底は胎児の時と同じく曲がったままだ」といって、「ヒトは胎児化しているのだ」と主張する。

井尻さんはイヌではたしかにそうなるが、ゴリラやヒトでは、屈曲は胎児期の後期にいちど平らになるように屈曲が弱くなる時期をとおり、成体になるにしたがって屈曲が大きくなること、ゴリラでは胎児期後期からの屈曲がヒトよりも弱いだけであることを示した。井尻さんは言う。

したがって、類人猿も人間も、胎児のときの脳屈曲をそのまま残しているのではなくて、一度、先祖の哺乳動物的になってから、それぞれの種、それぞれの生態に適応した角度におさまるというわけです。（井尻、前掲書、一九九〇、九一頁）

つまり、胎児の時の形が他の哺乳類では失われて、人間では残されているというのではなく、人間も類人猿も一度脳屈曲の弱くなる時期を経て、それぞれの角度にまた曲がっている、という事実を指摘して、胎児化仮説が根拠をもっていない、と論破したのである。

胎児の裸は成人の裸と関係ない

井尻さんに倣って、胎児の裸現象というグールドの主張を検討してみよう。グールドは、マカク（ニホンザルなどを含む属の名）、ヒヒ（これも属名）、オランウータン、ゴリラ、チンパンジーとヒトとを比べた一覧表を紹介し（グールド、前掲書、一九八八、五〇六頁）、胎児が「完全に毛におおわれる時期」はマカクでは「妊娠中」

であり、ヒヒ、オランウータン、ゴリラ、チンパンジーでは「妊娠中に始まり出生後に完了する」として、ヒトでは「完了しない」とまとめている。

この巧妙な一覧表を見れば、読者は「なるほど、マカクという下等なサルから成長がだんだん遅くなって、ヒトになってはじめて毛で覆われなくなるのだな」と得心する仕組みになっている。

しかも、グールドは毛については本文ではなにも語らない。きわめてそっけなく「(表九は)ヒトの発育における時間的な遅滞に関するデータを要約したものである」と、さらりと通りすぎる。うまい！　名人だなあ。

しかし、それで説得されない人間だっている。

分類上ではマカクとヒヒは同じオナガザル科に属しているが、「完全に毛におおわれる時期」はそれぞれ別である。ヒヒ（オナガザル科）とオランウータンたち（オランウータン科）でこの時期が同じだということは、分類とは関係なく胎児が「毛におおわれる時期」がある、ということを示しているにすぎない。つまり、この表はなにも「発育における時間的な遅滞」を示しているのではない。

産科学の常識によれば、ヒトの胎児は妊娠四ヵ月で産毛が生えるようになり、五ヵ月末には全身が産毛に覆われ、髪や爪ができる。妊娠九ヵ月末には顔と腹部の産毛がなくなる。そして出生直前までに腕や背中の一部を除いて産毛は抜け落ちる（水野、『標準産科婦人科学』、一九九四）。この事実をグールドはどう評価するだろうか。「完全に毛におおわれる時期」は、ヒトでは「完了しない」のだろうか。それとも「完了したのちに脱落する」のだろうか。

ふつうにこの事実を見て、産毛を体毛とするなら、人の胎児は毛に覆われたのち脱落すると言ったほうがいい。つまり、グールドは事実を突き詰めていない。

そのうえ、胎児に毛が生えているかいないかは、哺乳類全体を見渡すと大きな問題ではない。胎児の毛の生えぐあいで、成体の毛の問題が解決するわけではないからである。

哺乳類の赤ん坊は、裸か毛に覆われているかという基準で見ると、じつにさまざまである。単孔目のハリモグラの赤ん坊は完全に裸であり、有袋類のカンガルー類の赤ん坊も、爪の先ほどの小さな裸の状態で生まれてくる。アナウサギ（*Oryctolagus*）もそうだ。これは飼いウサギとしてよく知られているもので、ウサギ科には一一属が含まれているが、その中でアナウサギ属の赤ん坊は特別で、裸で生まれ、穴の中に作られた巣で育てられる。これとはまったく対照的に、ノウサギ属（*Lepus*）のウサギは毛の生えた赤ん坊を地面に産み落として、そこで育てる。

これから分かるように、赤ん坊が裸か、そうでないか、胎児のどの時期に毛が生えるか、などという例は、人間が裸であるという事実と関係がない。さまざまな哺乳類の赤ん坊たちはさまざまなやり方をしているというだけである。

人間はその発生の段階で毛を生やそうとしている。しかし、誕生直前に毛を失う。これが謎の中の謎である。

自己家畜化仮説

家畜化仮説は人類に特徴的なかたちのいくつかを体系的に説明することができるといわれて、人類学の世界ではたいへん有名である。しかし、今となっては振り返る人は非常に少ないが、それでも「(人間は) みずからを家畜化している。そこには目標というものがない」(江原昭善、『人類の起源と進化』、一九九三) というように使われることがある。

そこで、もとの論文を検討して、人間の裸がこの仮説で説明できるのかどうかを見ておこう。それはドイツの人類学者フォン・オイゲン・フィッシャーの論文で (Fisher, 論文は手元にあるが、発表年不明—引用者)、表題は「家畜化現象としての人類の人種の特徴」である。つまり、人類の特徴というより、人種の特徴を何によって説明するか、という仮説であり、人間とか、人類とかが対象になっているのではない。

この論文では、事実かどうかは別として、人類では他の動物種に例のないほど変異が多いことが前提である。この多様な変異、つまり人種がなぜ発生したのか。その変異の例を調べた結果、人種の変異は家畜に起こる変異現象と同じであると分かったという。だから、人種の変異は家畜化によって起こると結論する。

家畜と人種に共通の変異の例の筆頭はまず、毛がなくなることである。これに続けて、色が変わること、頭や鼻の形が変わることなどがつづく。この類似品リストは延々とつづく。なにしろドイツ魂である。徹底している。もっとも変わりやすいのは皮膚なので、毛や角や皮膚の垂れぐあい、皮下脂肪など、各人種と家畜とはよく似ている、という。しかし、角は関係ないと思うのだが。

色素沈着の項目で議論は頂点に達する。フィッシャーは言う。

野生の動物にはヨーロッパ人のような目の色素はない。しかし、家畜にはその例がある。人の色合いにはさまざまな変異があるが、それと体全体の解剖学的なつりあいはヨーロッパ人において完成するのである。

こうして、家畜化仮説の隠された目的、あるいは前提としている世界観も分かる。

イギリス人動物学者クラットン＝ブロック（Clutton-Brock, 一九九二）にしたがって、家畜になったことで動物の体に起こる変化を挙げてみよう。

第一、家畜では体の大きさは祖先の野生種に比べて、小さくなるのが普通である。家畜のウシの祖先は、一六二七年にポーランドのヤクトロウカの森で絶滅したオーロックスというヨーロッパにいた野生のウシだが、肩の高さは一八五センチで体重は八〇〇～一〇〇〇キロだった。家畜のウシはオーロックスの直接の子孫だが、肩の高さは一一〇センチ以下、体重は四五〇～一〇〇〇キロである。

第二、家畜化した動物は、その色が種々に変わり、角や耳の形もさまざまに変わる。

第三、家畜化した動物では、ふつうは顔が短くなり、臼歯はぎっしりつまってくる。歯は小さくならないが、顎の骨が短くなるためである。

この顔が短くなる点は、家畜と人類の共通の特徴だと言われてきた。

第四、家畜化した動物では、脳は小さくなるのがふつうである。

これは面白い。これはネアンデルタールの一七〇〇ccもあった大きな頭と、現生の人類の平均脳容量一四五〇ccの頭との差を説明するのかもしれない。

第五、家畜では、繁殖期は不規則になり、一腹の子の数は増える。

第六、野生の動物では脂肪は腎臓のまわりと皮下にためるが、家畜では筋肉全体に脂肪がたまり、尾のまわりにもたまる。

農耕の始まり以来、たしかにヒトは栄養を十分に摂ることができるようになり、さまざまな意味で野生動物ではなく、家畜に近くなった。しかし、人間の裸化の解明には役立つ仮説ではないし、もともとそのように構想された仮説でもない。

デズモンド・モリス——裸のサルの苦闘

デズモンド・モリスは、先に引用したように裸の哺乳類を挙げたあとで、「裸の皮膚の生存価値はなんであったのだろうか」と問いかける。

彼は裸の利点を追い求め、「ネオテニーによって」、「ノミなど皮膚寄生虫の寄生を防ぐため」、「汚物で毛が固まるのを防ぐため」、「火の使用のため」、「一時、水生だったため」、「相互識別のため」、「性的信号の拡張によって」などなどの説明を検討し、そのどれもが確実な根拠を欠いているので「たしかに状況ははじめ思ったよりずっと複雑である」と悩む。そして、言う。

狩猟性ヒトニザルと、かれのライバルであった食肉類とのあいだの本質的な差異は、裸のサルの肉体的装備が、獲物を追って電光のように疾走することにも、長くしんぼうづよい追跡にも適していなかった、ということである。しかし、それにもかかわらず、かれはまさにそれをやりとげねばならなかった。かれはかれの脳がすぐれていたからこそ成功してきた。（中略）かれは体が相当に過熱するのを経験したにちがいない。しかしこの追跡の過程で、そこにはこの過熱を減少させるように働く強い淘汰の圧力が存在したであろう。（中略）これこそが、毛の生えた狩猟性ヒトニザルから裸のサルへの転換に作用した決定的な要因だったのである。（『裸のサル』、日高訳、四五―四六頁）

しかし、この狩猟仮説はなんの説明にもなっていない。このために、二七年後にモリスはこの説を放棄して、海中起原説にすりよるのである。「水棲説はごく控え目に言っても真剣な検討に値する」（『舞い上がったサル』、中村保男訳、一九九六）と。とんでもない。

しかし、すぐに海中起原説の検討に入る前に、狩猟仮説を補強するある仮説を紹介しよう。

耐久走仮説

アメリカの人類学者デビッド・キャリーの「耐久走仮説」（Carrier, 一九八四）は非常にごたごたした議論だが、その主張は、以下のようにたどることができる。

〈人類は狩猟者であり、長距離ランナーである。しかし、人類の移動のエネルギーコストは例外的に高い。この非効率な人類の走行は、体の表面からの熱発散と肺の呼吸による酸素供給によって、自由に走行スピードをあげることができ、体内にグリコーゲンを蓄積する能力によって耐久走ができることで解決できた。しかし、自由なスピードでの耐久走だけでは大型獣の追跡には十分ではなかった。

裸になることによって体内の熱が効果的に発散でき、エネルギー効率の悪さをおぎなって暑い期間の長距離追跡ができるようになった〉

彼が論文の冒頭で引用する二日間もの追跡猟についての原資料は、わが師渡辺仁さんのものであり、むろんわが師はキャリーのように事実から離れたことはいわない。

わが師は「大型獣の追いつめ猟で典型的なのは環境の特殊条件を利用して獲物の逃げ足を妨害する方法である」と説明し、「相手の動物のスピードを落とさせることによって、狩猟者のスピードとの差を縮める特殊技術によって可能になる」ときちんと言っている（渡辺、『ヒトはなぜ立ちあがったか』、一九八五、三二頁）。

キャリーの主張は、人間の移動に要するエネルギーコストが例外的に高いという、すでに知られた事実で打ち破ることができる。四足での移動に比べると、直立二足歩行はエネルギーがかかるし、速度も上がらない。走って大型獣を捕まえようと思えば、裸になるより四足になったほうがいい。

また、大型獣の狩猟と裸になることとの間には関係はない。走って追いかけて獲物を捕れるほど、人間たちは有能ではない。たったひとつの例外は、ノウサギを下り斜面で追いかけるという方法で、これだとたしかに人間が走って捕まえることができる。ウサギの後ろ足は大きく長いので、下り斜面で跳ぶことに適していないのである。しかし、実際に追いかければ、ウサギだってバカじゃないから、横に斜面を巻き、斜面を登って、逃げてしまう。

歩くことと走ること

狩猟採集民たちは、まる一日、あるいは二日も続けて獲物を追いかけて狩りをするが、走るためのエネルギーコスト（一定距離を移動するための体重あたりの酸素消費量）は、他の哺乳類にくらべて高い。この矛盾を、現生人類ではたくみな体温調節によって解決し、耐久走に適した体となっているとアメリカの人類学者デビッド・キャリーはいう（Carrier, 一九八四）。

走れなくなるのは疲れるからというよりも体温があがりすぎるためで、このあがりすぎる体温をどのように調節するかが、耐久走の欠くことのできない条件である。

哺乳類の体温調節には二種類ある。一つはイヌの口でハアハアと息をするパンティング（あえぎ）であり、もう一つは発汗である。発汗で体温調節をする動物には人類のほか類人猿やオナガザル科の霊長類、ウマ科、ラクダ科、家畜の牛など何種かのウシ科とカンガルー類がいる。もっとも、カンガルーの体温調節はひじょうに独特で、運動するときにだけ汗を出し、休んでいる時にはパンティングし、唾をはいて体温調節する。逆に汗腺をもたないのは、キャリーによれば齧歯目（ネズミ類）、長鼻目（ゾウ類）、ウサギ目である。

人類の汗腺の単位面積あたりの数は、哺乳類のなかでは群をぬいて多く、汗腺の神経支配は機能性のよいコリン作動性である。この神経支配方式は霊長類の共通の特徴で、ウマやラクダでは汗腺の神経支配はアドレナリン作動性で、その機能がやや劣るとされている。

現生人類の体の表面からの熱の放散効率は、他の哺乳類よりもずっとよい。毛皮は空気を動かさないので、毎時一一～一八キロメートル以下の速度では表面からの放熱はない。つまり、毛皮がある場合はそうとうな速度にならないかぎり、体の表面からの放熱は起こらない。しかし、裸の皮膚からはどの速度でも放熱する。

現生人類は走ると放熱の効率はよいのだが、移動の効率が悪い。人類が歩く場合には最小のエネルギーコストで歩ける速度があるが、走る場合にはそれがない。「つまり、ゆっくりしたジョギングであろうが、世界記録であろうが、人類が走っている時にはおなじエネルギーが必要なのである」

これは注目してよい驚くべきことで、もうすこし詳しくみよう。

ある動物の酸素消費量と速度との関係を調べると、それぞれの動物の最適の移動速度がわかる。酸素消費量はエネルギー消費量であり、ふつうは速度が速くなれば、消費量は上がるが、その動物の最適速度では消費量はもっとも少なくなる。人類の歩行の最適速度は、毎時五～六キロメートルで、その時の酸素消費量はもっとも少ない一七〇ml／kg・kmであり、それより速くても遅くても酸素消費量は高くなる。たとえば毎時三キロメートルでは、酸素消費量は最適速度のほぼ一・四倍になる。

ところが、人類が走ると状況はまったく違ってくる。酸素消費量は毎時八キロメートルであろうが、一六キロメートルであろうが、二一〇ml／kg・kmでほとんど変わらない。つまり、人類には最適走行速度がない。

ウマが歩く時には、人類よりやや遅い毎時四キロメートルに最小酸素消費量（一一〇ml／kg・km）があり、これがウマの歩く最適速度である。しかしウマにはトロット（速足）とギャロップ（疾走）があり、トロットでは毎時一二キロメートル付近に最小酸素消費量がある（一一〇ml／kg・km）。しかし、ギャロップでは酸素消費量一二〇ml／kg・kmは速度に関係なしに一定である。これは人類が走る時と同じである。

つまり、人は歩く時に、ウマはトロット（速足）の時に、それぞれ最適の速度があり、人は走る時に、ウマはギャロップ（疾走）の時に、酸素消費量は速度と無関係になる。ウマとはトロットの動物であり、人とは歩く動物なのである。

第七章　人類海中起原説

焚き火のそばからテントに這い込んで、そのまま眠ってしまった雑賀さんをおいて、月光が波を煌めかせる砂浜を歩いた。波打ち際の湿った砂の上に、足跡が一筋に続いている。大きさは犬と同じだ。しかし、一筋の直線の上に配置された前後の足跡の爪は長い。フォッサだ。マダガスカルピューマと呼ばれる彼、あるいは彼女は、村の近くの林から出て、浜辺に放置された鶏の死骸を見つけてそのあたりを調べ、私たちの議論を聞いて、また森に向かっていた。

晴れ上がった夜空に輝く十三夜の月は、あたりを昼のように明るくしている。昼間は泡立つ波にすっかり包まれていた岩場まで歩いて行けるほど、潮は引いてしまっている。海と大地の息づかいを肌で感じることができる世界にいることが、何にもまして心楽しい。長い砂浜をゆっくり歩きながら、語るべき話の筋道を考えていた。私はキャンプに戻り、燃え残った焚き火に木を足して、若者を揺り起こした。語るべき時は短い。明日はまた次の浜辺が待っている。

眠い目の雑賀青年に「最も面白い」人類海中起原説を紹介する。

人類の海中起原説はもともとイギリスの海洋学者アリスター・ハーディ（Hardy, 一九六〇）が発案したもので、その内容を拡大して、女性のための人類進化論を展開したのがエレイン・モーガンである（モーガン、『女の由来』、中山善之訳、一九七二）。

その根拠は、初期人類化石の空白時期にある。新生代（哺乳類の時代）後期の五〇〇万年前に始まる鮮新世以降は、人類の化石が発見されている。しかし、それ以前の中新世の後期には、人類化石がほとんど発見されていない。

これほど人類学者が血まなこになって、長い年月の間もっと古い化石人類をと探しまわっているのに、五〇〇万年以前の一〇〇〇万年間に化石人類の証拠がないのは、なぜか？　証拠が見つからない場所にあるからだと、モーガンはいう。その議論の組み立ては以下のとおりである。

〈証拠が見つからない場所とは、どこか？　陸地という陸地を探しまわって見つからなかったのだから、それは海だ。森林が草原になって食物がなくなった人類の祖先はどこまでいったか？　はるかに草原を突ききって海岸まで到達した人類がいたとしても決しておかしくない。そこではどうだったか？
陸地の乾燥とは関係なく、海岸には食物があふれていた。貝類、カニ、海藻、潮だまりの魚など、簡単に手に入る食物がそこにはあった。少し海の中に入れば、それらはもっとたくさんあった。

こうして人類は海に入った。すると、四足の姿勢は浮力をうけて直立した。そのうち、より深みに向かって泳ぎだすと、頭だけは水面から出ているので、直射日光から頭を保護するために毛は残ったが、体の毛は濡れて邪魔になるのでなくなってしまった。女性もまた子供を連れて泳ぎながら、食物をあさった。子供達は母親の髪に絶好の救命ロープを発見し、それにつかまった。かくて、女性の髪は子供をもつと太くじょうぶになり、長く伸び続けた。だが、子供にまとわりつかれない男の頭は禿げてしまうのである〉

こうして「乙女の長い流れるような髪の毛と男のハゲ頭を」（前掲書、四〇頁）この説は証明するのだと、エレイン・モーガンは「人類海中起原説」の教祖兼使徒として、繰り返して同じ趣旨の本を出している（モーガン、『進化の傷あと』、一九九九a、『人類の起源論争』、一九九九b、望月弘子訳）。

この仮説の弱点は海岸生活を示す遺跡がないことだが、それさえあれば一挙に正統の位置につけるほど欠点のない学説だと言う。そうだろうか？

モーガンは、何冊もの本で海中起原説を延々と説明していて、その要点をコンパクトにまとめていないので、ライアル・ワトソンのとりまとめを検討してみよう（ワトソン、『アースワークス——大地のいとなみ』、内田美恵訳、一九八九）。

ライアル・ワトソンによる海中起原説の説明

（一）鳥類や食虫動物、有袋類、齧歯類は言うに及ばず、爬虫類や有蹄類や食肉動物までが水の中で生活したのなら、霊長類にそれがありえないはずはない。（二）現在、マングローブが繁るインドネシアの湿地帯では、テングザルという霊長類の一種がほとんどの時間を水中で過ごしている。……たとえば（クジラのように）、水生のサルは体毛を失ったかもしれない。（三）穴居性のネズミとメキシコ犬のなかでもとりわけ人工性の高いある品種を例外にすれば、世界に現存する体毛のない哺乳類はすべて水生であるか、ほとんどの時間を水と泥の中でころげまわりながら過ごしているかのどちらかだ。（四）毛皮が熱や寒さに対して絶縁物の役割を果たすのは乾いているときだけで、濡れてしまうと保護的な空気の層がなくなり、毛皮

があることがかえって不利になる。(前掲書、二一六頁)

ワトソンの説明は、ひとつの文の中にいくつもの話が混ぜられているので、細部の論理立てに注目して読んでいる者は、そうとう混乱する。だが、ワトソンの文体の妙は、それでもはっきりした印象を読者に作りだす。

前半は霊長類にも水中生活者がいておかしくない、という話。後半は裸の哺乳類は水生である、という主張。それらを意図的にごっちゃにすると、読むほうは、水中生活者イコール裸、だから人類は海中起原、という印象を作ることになる。

ひとつひとつ見ていこう。

(一)の説明では、水中生活をする哺乳類はいろいろあると紹介して、霊長類にあってもおかしくない、という。しかし、水中生活者として鳥類も爬虫類もといろいろ挙げるが、これは問題のあり場所をずらすというダーウィン流の手法である。むやみに例を挙げるのは、霊長類でも水中生活者があっておかしくない、という結論への助走である。

(二)そして、霊長類ではテングザルのような例があると言う。しかし、テングザルがほとんどの時間を水中で過ごすというのは、まったく事実ではない。湿地に棲んでいるので、水路を渡る時にドブンと勢いよく飛び込み、急いで泳ぎ渡るだけである。

しかし、シャーロック・ホームズとちがって、ワトソン君はそれが事実かどうかは、かまったことではない。「水生のサルは体毛を失ったかもしれない」といえばいいだけである。(一)で挙げたごちゃごちゃの動物群の中で、体毛を失っているものが、どういうふうにいるのか? 彼は、それもかまっちゃいない。

水生や水辺の哺乳類には毛がないとして(三)、それには物理的理由がある(四)、と断言する。

しかし、アザラシやカワウソやカピバラ(南米の水生大型ネズミ)などには毛があり、それは陸上でも生活するためで、水辺生活者にはむしろ毛のあるものが多いので、(三)(四)はともに事実無根である。

しかし、水辺の哺乳類にも毛があること、それには物理的理由もあることを言っても、たぶんこの人は聞かないだろうなと、私は思う。

この手の人は、論理的な矛盾は問題にしない。この手法では、論理的な整合性よりも、そこをぼんやりさせていることこそ望ましい。読み手の心の中に印象を作るのであって、説得するのではない。これが無意識下への刷り込み作業である。これが、サブリミナル手法である。この手の文章を書かせると、ライアル・ワトソンはダーウィンやグールドと同じようにうまい。どうも、うまい文章を作る欧米人は、同じ手法を使うと見える。

だが、人類の海中起原説は、裸の哺乳動物を網羅した時点で論破されている。つまり、獣の裸化は、水辺や水中生活の哺乳類だけに限ったことではないという事実である。海中起原説の論者は、意識して水中、海中、水辺だけに話を制限しているが、先に裸の哺乳類の例を挙げつくしたときにはっきりしたように、裸の哺乳類は地中生活者にも、空中生活者にも、そして陸上生活者にもいる。

事実の完全な列挙や網羅は、事実の枠組みを教えてくれる。私はずっと、日本の教養に不足しているのは博物館であると言ってきた。それは博物館が、この機能を、実物標本の収集によって、果たすべきだからである。この意見がまともに取り上げられたためしはないが、事実がここからここまでの枠組みの中にあり、それ以外にはあり得ないという、生命にとっての決定的な知識を与えてくれるのは、完全な網羅的記載方法である。

その視点からは、ワトソンもモーガンも失格である。

海中で直立二足歩行が始まるか？

海岸に出た人類は泳いだだろう。しかし、それは毛がなくなる理由には、ほど遠い。なぜなら、人類はその後、完全な海中生活者となり、霊長類版のクジラの親戚となったわけではない。依然として大地の動物であり続けているからには、海中に出たとしても完全に、ではなかったはずだ。その場合は、アザラシやカワウソにならって毛皮を保持し続けることのほうが、合理的なのだ。

海中起原説には、人類の裸と直立二足歩行の起原をごっちゃにしているための問題もある。ワトソンは言う。

読者も試しに四つん這いになって海の中へ這入ってみるといい。するとどうなるか。水が深くなるにつれて、姿勢がほとんど無理やりにも起きあがってしまうことに気がつくだろう。水がさらに深くなってつま先でも立っていられなくなると、アザラシやカワウソが休む時のように、垂直の姿勢で浮いていたほうが楽だし、疲れにくい。（前掲書、二一〇頁）

そんなことはない。人は仰向けになって、大きく足と手をかきながら、ゆっくり息をして、浮いている時が一番楽だ。アザラシやカワウソは、水中では浮いている。寝転がっている。横になっている。毛皮が空気を溜めて、浮きの代わりになっているからである。これらの動物たちは、水中で垂直に浮いてなんかいないのである。

海中起原説への反論

人類の海中起原説の問題点をまとめておこう。

第一。海岸生活では毛皮を必要としないか？　そんなことはない。毛皮のないクジラたちは完全な水中生活者であって、海岸生活者ではない。海中起原論者たちが仮定するような、海岸、水辺で生活する獣で毛皮を失ったものはいない。たとえば、カワウソやアザラシを見よ。

第二。水中で直立するか？　人は誰でも泳ぐ時には水平になるのであって、直立はしない。水の深さが腰を越えると、体は浮力のために不安定になり、もっと深くなると、ついには浮き上がる。

第三。髪は日焼け除けか？　泳ぐ時には、頭だけでなく肩も水面上に出ている。だから、日焼けを防ぐなら頭から肩に毛をマントのように残さなくてはならない。そうすれば雨の日にも雨具はいらなかったのに、残念である。

しかし、髪の問題はそれどころではない。

エレイン・モーガンが描くところの水面に長い髪を広げた母親のまわりで、たくさんの子どもがそれにつかまって遊んでいる情景は、想像しただけでうるわしい。しかし、想像の世界を超えた事実として考え直せば、それはうるわしいどころではない。子どもに髪を引っぱられたら、母親は活動できない。

その母親に泳ぎができてもできなくても、髪を引っぱられれば一緒に沈んでしまう。だれが子どもの海難救命方法として、長い髪につかまらせることなんかを指導するだろうか。体の最上部に支点がある髪を引き下げれば、バランスを崩すもとであり、いったん水中でバランスを崩せば、呼吸器官は髪より低いので水中に引き下げられて溺れ死ぬだけだ。こんな情景をうるわしいと考えついた者は、まあ言ってみれば……。

海中起原の痕跡?

私の言葉が激してきたので、中庸を貴ぶ雑賀さんは、先人への配慮を示して、海中起原説を補強すると言われる、人間の形質について注意をうながした。

「背中の毛の流れは、水が通りすぎる流線を示しているとか、脂肪層は水中生活の証拠だとか、いろいろありますよねえ。そういう証拠は、どうなんですか？……いや、そんなに怒らないで。素人の質問ですよ。素人は、いろいろな例を挙げて水中生活の証拠だと言われると、そうなのかなって思っちゃうじゃないですか？　そういう細かい点についても、ちょっと触れていただけると、ありがたいかな、と」

背中の毛の流れや皮下脂肪といった海中生活の証拠と言われるものは、海中生活から経過した時間をまったく無視している。あるかなしかの毛が水の流れに対応していても、生きてゆくことにはまったく関係ない。議論に都合がよい特徴を探し出すのは仮説提唱者の常だが、その動物種の生存に直接関係のない形態の特徴のひとつふたつを根拠に、その種の起原を考えることは意味がない。問題は、その生命の存続に直接関係する形をしっかり取り上げて、それが生存にどのように関係しているかを考えることだ。この意味で、生存に関係する人間の裸の皮膚の意味を人類学者がいいかげんに扱ってきたこと、ダーウィン以来大して生存に関係ないあごひげと同じようなレベルの問題に裸の皮膚を貶《おとし》めてしまったことが、大きな問題なのだ。あるかなしかの証拠というレベルではなくて、それそのものを正面きって取り上げるべきなのだ。

「でも、エレイン・モーガンさんはまた新しい証拠を示しているんです」と雑賀さんは言った。「これは強力な証拠ですよ。ドクトルも反論できないでしょう？」。

どんな証拠ですか？

「モーガンさんの『進化の傷あと』(望月訳、一九九九a)という本では、人間の発汗作用の問題点が指摘されています。どうですか？」

どうですかって、モーガンは動物について無知だよ。次の一句を見れば、それが分かる。

哺乳類の無毛化を促すような暮らしかたは、この世に二つしかない。丸裸のソマリアデバネズミのような完全な地下生活と、水生生活だ。私たちの祖先が一日二四時間をすべて地下ですごしていたと考えるような人は、おそらくいないだろう。(前掲書、一一四頁)

モーガンという人は、こういう言い方をするんだよ。「この世に二つしかない」と断言して、ハダカオヒキコウモリを知らない無知を堂々と言いつのる言い方。そして、「一日二四時間をすべて地下で」という誇張。海中起原説では水中生活をしたのか、海岸で生活をしたのか、それを徹底して曖昧にしているけれど、そんなことはどうでもいい、と言わんばかりだからね。

私の指摘した頁を見て、雑賀さんはあきれて言った。

「まったく、ドクトルは人の欠点をつく天才ですねえ。本を一度ちらっと見ただけで、そういう矛盾はたちまち見つけるんですから。でもね、世の中には相手の欠点に目をつぶって、大きな気持ちで相手の主張の聞くべきところを取り上げるというやり方だってあるんですよ。私は、そういう人にドクトルにはなっていただきたいなあ」

分かりましたよ。では、その「強力な証拠」とやらを伺いましょう。

「これはどうです？　人間の発汗にはいろいろな問題があるんです」

それで？「エ・アロール」とフランス語で言うと、「それがどうした？」と本当に喧嘩腰になってしまうけれどね。モーガンの発汗の項目はよく読みました。で、それが何ですか？

「つまり、汗にともなうさまざまな害があるんですよ」

どういう害ですか？

「ここに列記されています。『(一)働きはじめるまでに時間がかかる。(二)水分がたくさん流失する。(三)塩分がたくさん流失する。(四)体内の水分や塩分が不足しているという危険信号が出ても、それに対応するまでに時間がかかる』(前掲書、一二六〜一二七頁)。これほど人間の発汗には問題があります」

私はこれを読んだが、ほんとうにあきれ返った。しかし、深呼吸を二〇回もやってやっと心を落ち着けた。

その議論は変だと、私は思いますよ。反応に「時間がかかる」と二回も繰り返しても、だから生存に決定的に不利というわけではないでしょう。生物のある反応を取り上げて、これは速い、これは遅い、と決め付けるのは変でしょう。だって、発汗には体の熱を下げるという生理的な理由があるわけで、なぜ遅いとか、速いとか言わなくてはならないんですか？

水分や塩分がたくさん流失するという点も同じです。「必要以上に汗をかくことには、なんのメリットもない」（前掲書、一二八頁）と断言していますが、何リットルなら必要で、何リットルなら必要以上ですか？　その断言につづいてのニューヨーカーたちが夏の気候についてこぼす言葉「暑さはたいした問題じゃない。だけどこの湿気が」という引用は、印象でしかありませんよ。

いっしょに歩いていて分かったと思いますが、乾燥地帯のマダガスカル人は、私たちよりずっと水を飲まないし、汗もかきません。そうやって、環境に合わせて人間も生きています。生存を危うくするように、必要以上に汗を流したり、必要を充たさないほど反応が遅いということはありえません。

人間の発汗システムは海中で始まったか？

「しかし、ですね、この発汗システムの問題は、人間が水辺で発生したとするとたちどころに説明できるのです」

どうぞ、説明してください。

「なんかセンセ、怒っていません？　怒りは心を狭くし、視野を暗くしますから、心を平静にしてください」

とんでもない。ぜひ、モーガンさんの見識とやらを伺いたいと、心から思っていますよ。

「つまりですね。『水分と塩分を浪費し、しかも体温上昇の時点から効果が出はじめるまでに時間がかかる人間の発汗システムは、水分や塩分がふんだんにあり、体温があがりすぎることの少ない環境で発達したものと思われる』（前掲書、一三一頁）ということです」

水分や塩分をすぐに補給できる環境とは海岸ということですか？

「ええ、モーガンさんは直接にはそう言っていませんが、アクア説からすれば、当然そうですね」

私は、こういうバカ話が学術的装いを凝らして流布するという、人間世界に愛想をつかしている。しかし、誰もが私のような経験をしているわけではないから、再び深呼吸を一〇回繰り返して、心を平静にして雑賀さんに答えることにした。なにしろ、こういう細部だけを誇大に取り上げた空想的な話に、人間は実にたやすくだまされるからである。順を追って説明すれば、あるいはこの人間特有の妄想癖を崩すことができるかもしれないと、もう一度、深呼吸した。

私が学生時代にハイエルダール(3)にあこがれて、漂流計画を立てたという話はしましたっけ？

「ドラム缶で、屋久島から紀伊半島の潮岬《しおのみさき》まで流れるという計画の話ですか？ 海上保安庁が止めたという」

そうそう。それでね、海の中で漂流していて、何が一番問題になると思います？ 飲み水なんです。海水には塩分と水分が十分にあるから、飲み水なんかもっていかなくてもいいと思ったら大間違いで、人間は海水を飲めません。塩分が濃すぎて、海水を飲むと脱水症になるのです。耐え切れずに海水を飲んで死んだ例は、漂流事件では事欠きません。

ハイエルダールも過去の長期の漂流事件をあれこれ調べて、この点を非常に注意しています。海辺の人間にとっても飲み水をどう確保するかは、一大問題です。モーガンさんは、それを理解していたのでしょうか？

「いえ、でも海岸には川があったりして、やはり飲み水には事欠かないのではないですか？」

だったら、飲み水に事欠かない環境であればいいわけで、何も海岸でなくてもいいじゃないですか？

「あ、なるほど」

百歩譲って、というか、純然たる仮定の話として、海岸に出た類人猿が海中生活をして裸になったのだとしましょう。まわりに海水があるからと言って、発汗作用の機能が失われるほどの水分を出したり、塩分を出す理由がどこにありますか？　出さなくていい水分まで、まわりに海水があるからとどんどん出していいわけではないでしょう。

「いや、それは極論ですよ。モーガンさんは発汗作用の機能が失われるほど、とは言っていませんよ。ただ、『たくさん流失する』と言っているだけで」

そうでしょう。人間の発汗作用の機能は失われていないわけです。それが十分使えて、生命維持に何の支障もないのですから、人間の発汗作用にモーガンが言うほどの問題はないのです。彼女がその問題をことさらに取り上げたのは、あるかなしかの体毛の流れと同じことで、海中起原説を補強する証拠を探し回って、それに都合がいいように、事実を適当に編集して主張しているからです。

しかし、ここまで言っても雑賀さんはめげない。とっておきの文章を用意していた。

汗腺の問題

「でも、これはどうです？『霊長類中、人間の皮膚にしか見られない種々の特徴（無毛性、皮下脂肪層、大きな弾力性、アポクリン腺の消失、皮脂腺の活発な活動など）はすべて、水生の哺乳類たちには似たような例があるのに、草原の霊長類には類例がない』（前掲書、一三三頁）。これはアクア仮説にとってはきわめて有利な証拠だ、と彼女が言っているとおりではないですか？」

モーガンは面白い言い方をしますね。汗腺の機能の話の中にさしはさむ文章としては異様ですよ。この一文はダーウィン流の言いぬけであることが、雑賀さんは分かりますか？

「言いぬけではないと、私は思います」と、雑賀さんは胸をはった。

では、ご説明申し上げましょう。「霊長類中で例外である」とまずモーガンは人間の皮膚の特徴を取り上げますね。そして、結論は「水生の哺乳類たちには似たような例がある」です。では、なぜ、「陸生の大型哺乳類にも似たような例がある」とならないのですか？　なぜ、「オヒキコウモリやデバネズミの一種にも、似たような例がある」としないのですか？

雑賀さんは意表をつかれたようだった。

「えーと、……。どうしてでしょう？」

ちょっと考えてみてください。海岸や海中に棲む哺乳類で、人間のように汗をかく種がどこにいるのでしょう。アザラシのヒレにはエクリン腺があって、「体を冷やすためにそのひれを空中でぱたぱたさせると、エクリン腺から多量の汗が分泌される」（前掲書、一三四頁）これだけです。

アザラシに近縁の食肉獣では、アポクリン腺は全身にあるが、エクリン腺は足裏の肉球にしかない。水中生活者のアザラシでは食肉獣の手足にあたるヒレにエクリン腺があり、ここから汗をかく。しかし、霊長類ではエクリン腺とアポクリン腺が全身に分布していて、類人猿ではその割合はほぼ半々になる。人間ではアポクリン腺はわきの下や陰部などだけで、全身に分布するのはエクリン腺で、これで汗をかく。

パタスモンキーやアカゲザルではエクリン腺とアポクリン腺のどちらから汗が出ているか分からないが、ともかく汗をかく。汗をかく機構が、アザラシたちと霊長類では違っている。人間はその霊長類の汗をかく機構をもっともおし進めていて、アザラシたちの汗をかく機構とはまったく違っている。どこが、人間と水中生活者が似ているのですか？

直立二足歩行には、ほかに例がなかった。しかし、獣たちの裸の皮膚には、いくつかの例がある。その例のひとつひとつを取り上げなくては人間の裸の秘密に迫れないはずなのに、モーガンは水生哺乳類以外の例を無視する。こういう恣意的な研究方向を、私は支持しない。だから、私は海中起原説を信用しない。

皮下脂肪と食物供給の問題

「でも」と雑賀さんは食い下がる。どうも、そうとうに勉強してきたらしい。

「でもですね、人間の赤ん坊はですね、脂肪に包まれていると言ってもいいくらいで、人間の新生児は体重の一六％が脂肪ですが、ヒヒでは三％だと言います。人間の太りやすい体質や皮下に脂肪がたまる性質は、水生哺乳類としての適応のひとつだと言われています。太っているほうが浮きやすいとか。これはどうですか？

それに人間に特有の気管の開口部が下がる、つまり喉頭が後退するという構造は、トドとジュゴンにしかない、と言われていますが」

喉頭の問題は、あとで言葉の起原に触れるときに話すことにして、ここでは皮下脂肪の問題に始末をつけておこう。なぜ、人間の新生児には脂肪が多いのか？　人間は脂肪をたくさん食べるからだ。なぜ、人類の脳は大きくなったのか？　初期人類以来骨を主食としたので、人類は他の哺乳類や類人猿たちよりもはるかに脂肪を多くとることができたからだ。脳を作る素材の大部分は脂肪で、「脳はほとんどリン脂質でできている」（ホロビン、『天才と分裂病の進化論』、金沢泰子訳、二〇〇二、九五頁）。

人間の皮下脂肪層の問題は、その主食と裸化から解き明かされる問題であって、水生哺乳類の特質として説明されるような問題ではない。

さらに、海岸の食糧の豊富さについても、モーガンはまったく間違っている。水生の哺乳類は体の大きさが同じ程度の陸生のものより、食物摂取量が多いはずだと、モーガンは海女の例を引用する。これは生存上の大問題だ。

しかしながら水生人類にとっては、食糧はたいした問題ではなかったはずだ。なんといっても熱帯の湿地や浅瀬は、世界中でいちばん食物が豊富な場所なのだから

ら。（モーガン、望月訳、一九九九a、二二七頁）

どんな食物があったというのか？

サバンナと対照的に海岸は、海藻、魚、甲殻類、二枚貝、軟体動物をはじめとする無脊椎動物、海鳥の卵など、食物に満ち満ちていた。その上、時にはジュゴンやウミガメの死体が棚ぼた式に流れてくることもあった。しかもこういった食物はたいていてい、一年じゅう途絶えることがなかった。（前掲書、二二八頁）

気楽なものだ。実際に無人島に住んでみれば分かるが、熱帯の海岸は温帯の海岸と違って、食物を取るのにもっとも不適な場所である。もちろん、釣り糸や網があれば魚を捕ることができるが、これらの道具が人間の手に握られるのは、現代人の時代になってからである。

モーガンはいったいいつの話をしているのか、いつもごく漠然としているが、そもそもは直立二足歩行の前から海中生活ということだから、釣り糸も網もあるはずがない。しかも、海藻ですか！　熱帯の海で海藻を探す者は苦労するだろう。サンゴ礁の海の海藻は貧弱である。

魚。これも現代人以外は食糧にしていない。漁労が始まるのは、現生の人間の時代、一二万五〇〇〇年前である（本書、「第十一章」参照）。

甲殻類。ジストマが寄生していて、生食で死んだ人の例には事欠かない。

二枚貝。熱帯の海岸でいちばん困るのが、この二枚貝の少なさである。アサリやハマグリが蹴っ飛ばすほどいるのは温帯の海であって、熱帯の海でこれを探しても食糧というほどにはならない。その上、脂肪はない。

軟体動物をはじめとする無脊椎動物。ナマコやゴカイですか？　カロリーにはなりません。

海鳥の卵。「一年じゅう途絶えることがなかった」はずがない。

そして、ジュゴンやウミガメの死体。棚ぼたには違いない。これらがどの程度の頻度で漂着するものなのか、調べてから言わないと。

つまり、モーガンは「海岸にはなんでもあるわよ」と言うが、その海中人類にとって、何が主食なのか考えたこともない。この食物の一覧からうかがえるのは、彼女の食物への無関心である。初期人類の海中生活について、緻密な生態的な思考が欠けている。海中生活の利点は、なによりそこで生活する動物の食物の利点でなくてはならない。

なんでもあるからどうにでもなる、というのは、スーパーマーケットの品ぞろえに慣らされた現代人の発想でしかない。熱帯の無人島で海岸生活が長かった者には、このモーガンの能天気さは書斎生活者の特質だと、はっきり分かる。殻だけ厚い小さなアサリ、小さな身のカキにどれほど泣いたことか。

それにしても、「水生人類」と言った直後に、「海岸は……食物に満ち満ちていた」ですか？　いったい、「水生人類」は泳いでいたのか、歩いていたのか？

雑賀さんに聞こう。この海岸で、網なく釣り糸なく、手づかみで食物を探してこい、と言われたら、どうします？

「ほんとうに貝は少ないですからね。さっき潜ったところは、砂の中にドジョウみたいなのがいましたが、とても手づかみはできません。それでも岩場とか、川の入り江とかなら、なんとかなるかも」

そこで、手づかみだけの人生を送ってみますか？

「無理です」

人類が海中生活をしたのなら、魚を泳いで捕まえられるほどの泳ぎの能力があるとか、ウナギをつかむことができる特別な手があるとか、ツチブタほどの爪があって、そこらの貝はざっくざっくと掘り取ることができるとか、そういう能力がなくてはならない。もしも、海中に適していたのなら、どうしてそういう能力を皆失ってしまって、草原生活者になるのか？　いや、なれるのか？　ヒレに変わった手足を持っていたら、海中生活に適していたといえる。しかし、そうなった動物がその特徴をみんな失って、もういちど陸に戻り、その時に裸と直立二足歩行だけ保たれるなんて、そんなことはありえない。

モーガンの『人類の起源論争』（望月訳、一九九九b）では、これほど熱心に主張した汗の問題をあっさりと撤回している。

（汗による塩分）排出説を撤回することで、アクア説の信頼性自体が怪しくなるのではないか、という人がいる。しかし、塩分排出説はべつに、アクア説の中心をなす説というわけではない。（同、一四五頁）

だったら、何が中心なのか？

あの説明がまずければ、こっちにしようという海中起原説が根底から間違っているのは、それがダーウィン流儀の自然淘汰の呪縛から離れられなかったためだ。人間の裸の体がどこかの場所に適しているのではないかと、そればかりを探した結果が、無理の積み重ねになっている。モーガンの七転八倒が意味を持つとしたら、人間の裸の体はどこにも適していない、という事実を確認させてくれたということである。

海の惨劇

人類の海中発生説への反論の締めくくりとして、海に投げ出された人間を待つ運命について、ある惨劇を紹介したい。

巡洋艦インディアナポリス号は一九三二年に就役し、フランクリン・ルーズベルトの大統領専用艦とされた重巡洋艦で、太平洋戦争末期にはアメリカ合衆国第五艦隊旗艦であり、広島に投下される原爆をテニアン島に運んだ後、グアム島からレイテ島へ向かっていた。

一九四五年七月三〇日、インディアナポリス号は日本帝国海軍伊第五八潜水艦（艦長橋本以行中佐）の発射した二発の酸素魚雷によって撃沈された。一一九六人の乗組員のうち約三〇〇人がこの雷撃で即死し、五日間の漂流の間に五五〇人以上がサメに襲われるなどして死亡し、三一七人だけが救いだされた。（スタントン、『巡洋艦インディアナポリス号の惨劇』、平賀秀明訳、二〇〇三）

サメたちは雷撃の翌日、七月三一日の夜明け近くに襲ってきた。

サメのザラザラした背びれや尾びれは若者たちのだらりと垂らした脚に擦過傷をつくった。彼らの剝きだしの皮膚は海水に浸かったせいで表面を保護する脂っけが抜けてしまい、脱水症状から肉体はゴムのように重かった。(同、二〇七頁)

サメは漂流する人間にとっては最大の脅威であり、この事件ではサメに襲われて死亡した者は、約二〇〇人と推定されている。皮膚に傷がなければ、サメや魚に襲われる確率は低くなるが、海水に長く浸かると人間の皮膚は潰瘍を起こす。

海水は、ヘインズ軍医のかかえる若者たちを、生きたまま喰っていた。太陽に灼かれ、水に浸かってふやけた腕や脚は、痛みを発する赤い腫れ物、いわゆる、「海水潰瘍」で、ゴム印を押したようになっていた。(中略)さらに一晩、海中で寒い夜を過ごしたため、男たちの体温は八八度(セ氏約三一度)前後を上下しており、いつ昏睡状態に入ってもおかしくなかった。(同、二三〇頁)

真夏の熱帯であっても海水温度は二九度以上にはならない。海水中に長く浸かると、体温が奪われて低体温障害を起こす。唇が紫色になるほど海に入っていて親に叱られ、熱い砂浜に戻った経験をもつ子どもは多いはずだ。しかし、もっとも恐ろしいのは、サメでも海水潰瘍でも低体温障害でもない。海水そのものである。

海水そのものが刺激性で、その成分には三・五％の塩化ナトリウムや硫酸塩、マグネシウム、カリウム、重炭酸塩、ホウ酸などの微量元素がふくまれていた。海水に浸かることは、弱酸性のお湯に浸かるのと変わりがなかった。（同、一九三頁）

海水を偶然に少量飲むことでさえ人間の血液には障害を起こすが、それを水の代わりに飲み下すと致命的な結果を招く。人間は、飲んだ海水を処理することができない。

海水は人体が安全に摂取できる水準の二倍の塩分をふくんでおり、それを飲んだことで、若者たちの細胞はいわゆる「遊離水」を犠牲にし、縮まったり、拡張したり、爆発したりした。これは血中にどっと放出されるナトリウムをなんとか低下させようとする細胞の試みであるが、ムダに終わる。

若者たちの腎臓は血液をきれいにしたあと、循環系へと戻すのだが、ナトリウムの奔流を上回る処理はできない。ヘインズは知っていた。若者たちは塩分が短絡《ショート》したような状態に陥り、医学用語でいう高ナトリウム血症に襲われる。見ていると、彼らの鼻に泡が生じた。ルートビアーのようなその物質が顎を伝ってしたたり落ち、両目がぐるりと裏返ってあたまの中に入ってしまった。(同、一一〇頁)

海に長く浸かっているために現れる多くの障害は、人間に精神錯乱を引き起こす。そのひとつは幻覚であり、そのひとつは異常に昂進する攻撃性である。それは惨劇を引き起こす。理由なしに殺し合いが起こる。

低体温症、脱水症、高ナトリウム血症、輝所恐怖症、そして飢餓の始まり。若者たちのこころを何がこのように変えてしまったのか、ヘインズは知っていた。ほんの一〇分間で、五〇人前後の若者が殺された。一気に燃え広がる野火のような激しい乱闘だった。(同、一一四頁)

現実が見えるだろうか？

海は広い。海は美しい。海にはあらゆる可能性が秘められている。そのように、書斎で考えつく海と海辺の様相がどれほど甘美であろうと、海の真ん中に放り出された人間には、生き残る可能性はほとんどない。それが、現実である。

海中起原説をアクア仮説と呼んで、海中から海岸へと微妙に主張の軸をずらし、仮説の整合性をなんとか維持しようとする人々、人間の裸の起原を海に求める書斎の夢想家たちに海の現実を教えるのに、このインディアナポリス号の惨劇ほど適切な忠告はないだろう。

人間には高速で海中を進むために必要なヒレも水掻きもなく、海水温度による低体温障害を防ぐ機能もない（人間の皮下脂肪の無力さは見たとおりである）。そのうえ、飲んだ海水を微量でも処理する能力もなく、海水が脂を取り去らないように皮膚を守るわずかな手だてもないのだから、その裸の皮膚の起原を海中生活が証明するはずもない。

人間の裸の皮膚の海水に対する脆弱さを、インディアナポリス号の惨劇から論証するのは行き過ぎと考える人もいるかもしれない。海水の危険性をあまりに強調しすぎていると考えるかもしれない。しかし、繰り返して強調しなくてはならないが、人間の皮膚は海水に長く浸かることに対応していないし、その体は海水の温度にもまったく適応していない。

人間の裸の皮膚の起原を、夢想や空想の領域にまかせるわけにはいかない。それが受け入れがたいものであろうと、事実を明らかにすることは「人間とは何か」という根元的な問いへの答えに近づく、もっとも有力な道である。確実な証拠を捨てて空想の世界に遊ぶ海中起原説は、その道を閉ざしている。

モーガンは海中起原説をアクア仮説と言いなおして、直立二足歩行と裸が始まったのが、海中なのか海岸なのかをぼんやりさせているけれど、裸と水辺という条件をもっとつきつめて考えれば、別の方向が見えてくる。獣にとって裸になることは、いろいろな障害をともなうけれど、そのもっとも大きな問題のひとつが裸の皮膚からの水分の蒸発という問題なので、水辺での生活に引き寄せられるということだ。

裸の獣たちの多くが水辺にいるのは、エクリン腺による水分の無駄な垂れ流しという問題のためではなくて、裸の皮膚が水分の蒸発を抑えることができないという、裸の皮膚の適応的にマイナスの特質のためである。

なぜ、そういえるのか？　ウォレスが指摘し、ダーウィンも追随したから、「裸の皮膚は適応的であるはずがない」というのではなくて、裸の皮膚は適応的な形質ではないという実際の例がある。それが、裸のネズミたちである。

第八章　突然変異による裸の出現と不適者の生存

ヌードマウス

裸のネズミたちは、ヌード変異種と呼ばれる。ヌード変異種は、マウスとラット（以上ネズミ科）とモルモット（テンジクネズミ科テンジクネズミ属 *Cavia*）で知られている。マウスとラットは同じネズミ科だが、ハツカネズミ属（*Mus*, 体重二・五〜三〇グラム）がマウスで、クマネズミ属（*Rattus*, 体重三六〜五〇〇グラム）がラットである。ラットのほうがずっと大きく、人家のまわりに棲むクマネズミやドブネズミが含まれる。

ヌード変異種のネズミたちには、いろいろな系統がある。一九六一年にヌードのストリーカーマウス、ヌードラットの二系統が、イギリスのグラスゴーの病院でグリスト博士によって発見された。ヌードモルモット（スキニーギニアピッグとボールドウィンモルモット）は、一九七五年とその翌年に発見された。ローウェット・ヌードラットは、一九五三年以前にも見つかっていたが、無胸腺の重要性が理解されず、いったん系統が途絶えていた（児島昭徳、一九八四。以下、ヌード変異種のネズミ類をまとめてヌードマウスと呼ぶ）。

ヌードマウスには、胸腺がない。胸腺は生体防衛の免疫反応をになう器官なので、それのないヌードマウスは微生物の感染にとても弱い。また、ヌードマウスは毛がないので寒さや脱水に対して普通のマウスよりも敏感である。このために、ふつうの環境でヌードマウスを飼育すると生後二一日までに五〇％が、六〇日までにほとんど全部が感染症で死ぬ。

さらにまた、ヌードマウスは自己免疫病を自然に引き起こすこともあり、手厚く飼育をしても正常のマウスよりも早く死ぬ。このために、自然条件ではヌードマウスはほとんど生きてゆけない。

しかし、この特別なマウスには実験用の使い道があることが分かった。胸腺のないヌードマウスには免疫反応がないため、異種の皮膚やヒトの癌を移植することができ、癌研究用の実験動物として重宝されるようになった。それまでこの種の実験にはアルマジロ（貧歯目）が使われていたが、それはアルマジロには胸腺がないためだった。

これらのヌードマウスの形質は、常染色体遺伝子による突然変異で、劣性であり、ヌードになる遺伝子は、毛や胸腺の両方を支配する多面発現効果をもっている（上山義人・丸尾幸嗣、一九八五）。この遺伝子は多くの形質も支配しているが、ヌードマウスの哺乳能力が劣っているのも、この遺伝子のためと考えられている。もちろん人間には胸腺があり、裸化を支配する遺伝子がヌードマウスの例と同じというわけではない。しかし、ヌードマウスなどの実験動物の例は、裸化が突然変異によって起こる稀な例であること、その突然変異は生きてゆくうえで不利な問題がつきまとうことを示している。

マダガスカルの原猿類、エリマキキツネザルにも裸の遺伝子がある。これは劣性因子で、近親交配によって現れる。ロンドン動物園で飼育されていたオス・メスから生まれたメスの子どもとこのオスとの間で繁殖が行われた結果、四匹の無毛の子どもが生まれた。一匹はすぐに死亡し、生き残った三匹は体重増加が遅く、生えた毛ももろかった。このような遺伝的な病気は人間のＢＩＤＳ症候群と呼ばれるものと同じで、人間では知的障害や繁殖能力減退と短軀という共通の特徴がある（Whitehouse, 一九九二）。

この裸のエリマキキツネザルも、ロンドン動物園の丁寧な飼育の下で生き残ることができているにすぎず、野生では裸のエリマキキツネザルは見ることがない。裸化の遺伝子は、単に裸というだけでなく、遺伝的な障害を引き起こして、生きてゆく上でさまざまな不利がある。

どの裸の哺乳類の場合でも、裸の欠点を補うことができる形質が同時に現れた稀な場合にだけ、裸で生存できた。生き残るための狭い門をくぐり抜けるためには、一度起こった裸化の突然変異を他の二重、三重の突然変異によって、その裸の欠点を補うことが必要だった。それは「重複する偶然」であり、ほんとうに稀な事件だった。

「不適者の生存」を実現する「重複する偶然」

裸になった哺乳類の例は、ふたつの事実を指し示す。

第一に、それはありふれた現象ではなく、それぞれの分類群でまったく孤立した一回限りの例だということである。ヌードマウスの例は、裸化が突然変異によって現れる特例であることを、もう一度確認している。裸化はどの種にも起こる可能性はあるが、裸化だけではその種はほとんど生き残れない。

第二に、体の体温と水分の調節をなんらかの方法で行う特別な環境をその動物が作っていることである。これは裸化の欠陥を補う重複する突然変異のおかげである。

哺乳類が毛を失う条件をここでまとめてみよう。

長鼻目、サイ類、カバ類など、陸上で生活し、しかも一トン以上の巨大な体をもっている場合とクジラ亜目、カイギュウ目のように完全な水中生活者の場合には、例外なく体毛は失われる（セイウチ、ゾウアザラシなど水中と陸上の生活をする種は、成獣のオスのように一トンを超えるものは、毛を失う）。

巨大哺乳類や水中生活者の体温調節には、物理的な根拠がある。

これらの物理的条件で裸が決まっていると思われる例のほかに、小型獣で陸に棲みながら、裸で生活しているものがいる。そのうちコビトカバとバビルーサでは熱帯の水辺生活のために周囲に水の多い環境で、温度と湿度の調節が容易であり、ハダカデバネズミとハダカオヒキコウモリでは巣穴で温度と湿度を調節しているのだろう（コウモリについては、これは苦しい説明だが）。つまり、これらの小型種では、巨大哺乳類とちがって、水中哺乳類のように皮膚に接する環境（自分で作り出すトンネル環境も含めて）が、体温と水分を一定に保つのに役立っていると考えてよいだろう。

ここで取り上げた裸の哺乳類は生態が明らかではなく、体温の調節機構についても知られていないことが多いので、コビトカバやバビルーサやハダカオヒキコウモリの生態がもっと研究されると、意外な原因が見えてくるかもしれない。その場合でも、体の水分の調節は体温の調節とならぶ重要な条件だろう。

クジラ亜目やカイギュウ目などの水中生活者では、湿度を保つ必要はない。巨大哺乳類では温度と同じようにその表面積が体重の割合に比べて小さくなることが、その水分管理を容易にしているのだろう。しかし、アフリカゾウは頻繁に水を浴び、サイも水に浸かることが多い。ナクル湖で浅い水の中で坐ったまま、まったく動かなかったシロサイの風景は印象的だった。水分を保つことは、巨大な裸の哺乳類にとっても重要なのだろう。

いずれにしても今まで知られているかぎりでは、裸の皮膚は温度と水分の調節がなんらかの方法で行われている条件のもとでだけ、実現できると言ってよい。

大型動物でもなく、水中動物でもない中型の哺乳類が裸になる条件はごく限られたもので、いろいろな種が裸になれるのではない。陸上哺乳類の裸はそのままでは死んでしまう特徴だから、それを補う特別な条件が備わらないかぎり生きていけない。ウォレスが、人類の裸は自然淘汰の結果とは考えられないと言い切り、ダーウィンが追随したのは、このためである。

水中生活者と巨大哺乳類を除くと、裸の哺乳類の例はひじょうに稀である。

中小型の陸棲哺乳類は数千種に達するけれど、イノシシ科五属九種（偶蹄類二一一種）から一種、デバネズミ科五属八種から一種（齧歯目一八一四種）、オヒキコウモリ科一六属八六種（翼手目九八六種）から一種、ヒト科一属一種（霊長目四二〇種）だけが裸である（コビトカバは除いて考えている）。

これらの種が属する分類群のそれぞれの「目」は哺乳類の中でも種数の多い繁栄している分類群であり、それだけ多様性に富んでいる。裸の種が現れたのは、その動物群が形からも生活環境からも多様で、さまざまな変異を試してきたためだろう。しかし、それらの分類群でも偶蹄類の〇・五％、霊長目の〇・二％、翼手目の〇・一％、齧歯目の〇・〇六％の種しか裸にならなかったわけで、獣にとって裸になることがどれほどたいへんな、むつかしい選択であるかがよく分かる。

バビルーサ、ハダカデバネズミ、そしてハダカオヒキコウモリの共通点は、それがイノシシ科、デバネズミ科、オヒキコウモリ科のなかで独立の属であり、特別な種というごく稀な動物種であり、毛がなくなっただけではなく、特別な袋をもったり、例のない社会構造をもったりして、形からも行動の上からも際立った特徴をあわせてもっていることである。それは一つの科の中に起こった完全に孤絶した一回だけの現象で、この孤絶という特徴は人間の特徴でもあろう。

裸化という生存に不利な劣性の突然変異が、それを保障する特別な能力や形というもうひとつ別の強力な突然変異によって相殺され、これによってまったく例外的な生命体を産み出すことになるが、このような特別の出来事が重なるような例が、そんなにたくさんあるはずもないからである。

他の生命体から超絶した特徴を導く突然変異の重複を仮定する理論を「重複する偶然仮説」と呼ぶことができるだろう。それこそが「不適者の生存」を実現する。

人類のただ一種にだけ起こった偶然

現生人類の直接の近縁であるホモ属、アウストラロピテクス属、二つの属の一一種（種数については議論が多いが）が裸だった場合は、裸は人類の二属にまたがる特徴であり、バビルーサ、ハダカデバネズミ、ハダカオヒキコウモリとはまったく別の特徴だということになる。つまり、哺乳類の他の分類群とはまったく別の条件によって、人類の裸化が起こったのだと考えなくてはならない。

その場合は、人類の裸は水中生活者や巨大動物のように、大分類群の科のレベルでの特徴であるということになる。しかし、それは論理としても、現実にもありえない。なぜなら、科や目のレベルで毛皮を失っているものは、他の陸上哺乳類と一定の基準（水中生活や巨大化で）によってはっきり区分できる。しかし、ヒト科（オランウータン科を含むやり方とそうでない分類方法があるが）では、チンパンジーやゴリラなどの近縁種が毛皮をもっているのだから、ホモ属とアウストラロピテクス属の二属だけが裸だったとすると、哺乳類にまったく例がない現象を考えなくてはならない。

保温保水は生命維持にかかわる重大問題なのだから、現生の哺乳類を総覧した結果得られた原則からヒト科がはずれることはないはずである。

この結論、ヒト科もその生命維持について哺乳類の原則からはずれるはずがないというこの結論自体は、それほど目新しい見解ではない。しかし、これを裸化に関係させると、たいへんな推論を導くことになる。その推論はこうなる。

裸化はヒト科にあっても、ただ一属一種の例外的な形質である、と。「重複する偶然」が二属一一種にまたがって起こることは、確率から言っても不可能である。

ヒト科ではアウストラロピテクス属はむろんのこと、ホモ属でもホモ・エレクトゥスやネアンデルタールは現生のヒトとは別種であるかぎり、裸ではなかった。

これは、実にどきどきするような結論だけれど、論理の示す方向はそこにしかない。裸になったのは、現生の人間ただ一種。他の二つの属にまたがる一〇種の人類種は、全部毛に覆われていた、と。

どの人類学の一般書を見ても、アウストラロピテクス属やホモ・エレクトゥスの体に毛皮があったのか、なかったのかは悩ましい問題のようで、たいていは少しずつ毛が少なくなって、最後には現生人類が裸で登場している。しかし、今得られた結論からは、現生人類以外の人類の外見は、チンパンジーのようにしっかり毛皮をもった動物として描かなければならない。

不適者の生存

こうして人類がいつどのようにして裸になったのかについて、考えられるようになった。これまで紹介してきた人類の裸化に関する仮説は、それが走行仮説であれ、海中仮説であれ、いつとも知れず、ただ遥か昔、化石証拠よりも昔だというようなぼんやりした出現年代しか示していない。しかし、この仮説、例外的な条件の重なりを人間の裸化に認める仮説、つまり「重複する偶然仮説」によれば、それは一回かぎりのことである。

「重複する偶然仮説」は「不適者の生存」を実現するので、人間のような例外的な生命体がこの世に現れる機構を明らかにできる。さらに「重複する偶然仮説」はダーウィン進化論の決定的な欠陥を明らかにすることもできる。

「自然淘汰」による「漸進的進化仮説」は、跳躍する変化を説明できない。突然変異は、この跳躍を説明する原理としてひとつの可能性を示した。しかし、それは多くの場合不利な変異であるために、ダーウィンの進化論を論破できなかった。突然変異は「異常」を説明するだけだからである。

しかし、だれが「異常」と「正常」を生命の機能と形について言えるだろうか？また、異常と正常を超えて、従来の機能と形の限界を突破する方法こそが新しい生命体誕生の焦点でなくてはならない。

突然変異が生存に不利な「異常」を生み出すだけだから、また他の突然変異は微細な変異を蓄積するだけだから、結局は中立遺伝でしかないから、生命の変異の起原の説明原理はダーウィン進化論が正しいと言えるだろうか？

生命体は突然変異を蓄積することがある。ある日、この蓄積された突然変異を表現することがある。その時、元の生命とは違った生命が突然現れる。それだけではない。もっと重要な転換点は、不利な突然変異が重複して、元の機能や元の形とはかけ離れた生命体が出現する時点にある。

生命体の多様性はこうして生まれる。この多様さと複雑さを表現するとしたら、「星間宇宙系」に対応する「遺伝子宇宙系」とでも呼ぶことが、この生命系にはふさわしい。どちらの系もわずかな素子を組み合わせて、きわめて膨大な物質系を創り出している複雑系の極である。

この複雑系の中では、「重複する偶然」も起こる。その例が、哺乳類のさまざまな動物群の中で、〇・五％から〇・〇六％の確率で起こっている裸化である。この特別な生物体の機能と形の変化は、自然淘汰では説明できない。しかし、その裸化のなかでも、人類に起こった裸化は非常に特別なものだった。

人類の裸化の起原を探るということは、とりもなおさず、この超絶した生命体がいつ、どこで、どのように生まれたかを探ることだ。しかし、それを明白な証拠で探すことができるのだろうか？

その方法論を煮詰めることが、これまで裸の獣たちの生存方法を探り当てる旅だったと言っていい。それによって、裸の体を守るためには、何よりも体の体温と水分を保つ調節方法が焦点になることが、明らかになった。人間だけは裸の体を守る必要がなかったと考えるのではなくて、ほかの裸の獣たちと同じレベルの問題がそこにはあると考えたほうがいい。つまり、自分の体温と水分を保つためには、バビルーサやコビトカバのように水辺で棲むとか、ハダカデバネズミのように穴を塞ぐとか、いっしょに抱き合っているというやり方があると、考えるほうが合理的である。

裸の体から体温と水分を保つ方法には、それぞれの獣たちに独特の方法があるから人間にも独特の方法があるだろうが、とにかくそれは裸の体を守るための方法でなくてはならない。

では、人間の体温と水分調節はどのように行われているのか。ハダカデバネズミの例では、体温と水分調節は密閉したトンネルとそれを維持する社会構造だった。人間の場合は、自分自身のことだから、自分で考えることができる。私たちは衣類を着ている。家に住んでいる。また、暖房をしている。これらの条件が、いつかなえられたのだろうか？　その証拠、火か家か衣類のどれかが出現した年代をはっきりと推定することができれば、その時に人類は裸になった、あるいは裸になっていた、と言うことができる。

第九章　火と家と着物と

咳き込んでは時折止まるエンジンをなだめながら、ようやく風が止んで凪《な》いだナリンダ湾口を、外海に向かった。白い砂浜が幾重にも続くナリンダ半島の岬を回って外海に出た瞬間、海の色が変わった。モザンビーク海峡である。瑠璃を張りつめたような深い青の空の色よりもさらに濃い紺碧の海が水平線まで続き、舷側にきらめく波の下に、サンゴ礁の色とりどりの海底が透けて見えた。

浜辺に重なるように止められた丸木舟に近づいてみると、大型の舟の上にもう一艘の丸木舟を積み込んで、これから帆を上げて出発というところだった。私たちが今回の遠征の目的地にしていたムランバ湾まで、小型の丸木舟の修理のために運ぶのだということ。

この漁師たちは海岸の松林の中に粗末な小屋掛けを持っていて、女や子どもなど家族もいっしょだったが、ニワトリも連れていたし、驚いたことにシファカも飼っていた。それは焦げ茶色のきれいな毛皮をショールのように肩から腕にかけてまとったコクレルシファカで、実によく飼い主に馴れていた。このシファカはニワトリに追いかけられながら、飼い主の後を追って、例の不思議な横っとびで地面を跳びながらついて行った。

それを見ていた雑賀さんの目が輝き、もう少しで「いくらだ?」とか「売ってくれ」と喉まで出かかったのが、よく分かった。

「だって違法でしょう、野生動物を飼うのは。だから、買い上げて保護しなくてはいけないのでは」と彼は言い訳をした。でも、それを野生に戻すことはできないし、動物園に引き渡すという気持ちもないでしょう?

「いえ、まあ、それは。しかし、でも、ぼくは当面保護して、それから」と口ごもっている。長旅の途中である。動物を連れて歩くのは大変である。さあ、ムランバ湾に出発しよう、と雑賀さんの背を押した。それよりも舟の中で話の続きをしよう。なにしろ、単調で長い旅である。

人間がその体の体温と水分を調節できる環境とは何か? ハダカオヒキコウモリは翼を入れる袋で、ハダカデバネズミは地中トンネルでと、それぞれびっくりするような解決方法を示した。しかし、人間の編み出した方法は、もっと独特のものだった。

「翼を入れる袋とか、完全に密閉されたトンネルとかが平凡に見えるほどの発明品ということですね」

「そう。まったく生命というものは、切羽つまるとどんなことを考えつくか、驚くべきものがある。

「何ですか、それは？」ちょっと、考えてみてほしい。

「……火ですか？」

ね、生命が思いつく方法には限りがないことが、実によく分かるでしょう。

私も当面、裸の体を守るための発明品を火と家と衣類だと、考えることにした。「当面」と限定つきなのは、これらの発明品と裸の起原とがほんとうに結びついているのかどうか、ちょっと怪しいからである。その当否は後で検討するとして、では、それらはいつ出現したのか、それはどのような証拠で示すことができるのだろうか？

この問題に踏み込む前に、現生の人間までの歴史をふり返ってみたい。それはほとんど五〇〇〇万年の歴史だが、そのどこで裸になったのだろうか？

哺乳類の時代である新生代は二六〇〇万年前を境に、第三紀と第四紀に分けられる。その境から九〇〇万年後のヴィラフランカ階[4]という地層では、ヨーロッパで最初の寒冷化の兆候が見られる。第四紀は更新世（最新世あるいは洪積世）と完新世（沖積世）の二つにそれぞれ分けられる。完新世は地質学上の現在で、一万年前に始まっている。これは最終の氷河期が終わった時から現在までである。第四紀を人類の時代と称していたが、直立二足歩行する大型類人猿、人類の起原は第三紀鮮新世の四二〇万年前に遡っている。

アウストラロピテクス属は、新生代第三紀鮮新世（五三〇万年前に始まる）の初期にアフリカに現れた。それはチンパンジークラスの脳容量（四〇〇cc）にもかかわらず、直立二足歩行をしていることで、他の大型類人猿とはちがったサルであり、人類はここから始まっている。

中新世末期から鮮新世初期の乾燥気候によって、アフリカ中央部の熱帯雨林のまわりに広がったサバンナの中で、アウストラロピテクス属は食肉獣の食べ残した草食獣の骨を主食にすることで、骨を割る石を握りしめて直立二足歩行を始め、生き延びてきた。

彼らはアナメンシス、アファレンシス、アフリカヌスなどいくつかの種を生み出しながら鮮新世と更新世の三〇〇万年間をゆうゆうと生き延び、二七〇万年前には頑丈タイプと華奢《きゃしゃ》タイプの二つの系統に分かれた（諏訪元、二〇〇一）。アウストラロピテクス属の頑丈タイプはパラントロプス属とも呼ばれるが、新生代第四紀更新世（二六〇万年前に始まる）にも生き残り、ホモ属とは一八〇万年もの間共存して、更新世後期の七〇万年前頃に姿を消した。

ホモ属と現代人の起原

現在の人間に直接つながる最初のホモ属（ホモ・ハビリス *Homo habilis*）は、更新世初頭の二四〇万年前頃に最初の石器とともに現れる。もっとも、アウストラロピテクス属の時代と重なってケニアントロプス属が三五〇万年前に出現したことが最近確認され（Leakey, *et al.*, 二〇〇一）、この属の扱いをめぐって論争がある。このケニアントロプス属がホモ属に直接つながるとすると、ホモ属の系譜はさらに一〇〇万年も昔に遡ることになる。(5)

ホモ属の歴史は一九〇万年前に始まるホモ・エレクトゥスの時代からアフリカ大陸とユーラシア大陸にまたがる壮大なドラマとなる。彼らははじめて他の類人猿たちのレベルを超した八〇〇ccの脳容量をもち（七五〇～一二五〇cc）、握り斧型の石器を開発した人間の直接の祖先である。

ホモ・エレクトゥスは、はじめて熱帯から出て、温帯にも生活域を広げた。面白いのは、ホモ・エレクトゥスの分布域は現在のヒョウが分布している地域とほとんど同じ地域である。彼らはヒョウに匹敵するほどの能力をもっていただろうが、ヒョウのような狩猟者というよりも、ヒョウの上前をはねるようなスカベンジャー（残肉処理者、あるいは渡辺仁先生の用語を借りれば、「掠め取り」者）だったかもしれない。しかし、彼らの石器が一六〇万年間ほとんど変化しなかったことから見ても、ホモ・エレクトゥスはこの長い期間、同じレベルの生活を維持した野生の動物だったことを示している。一六〇万年間を同じ石器を持って生き続けた彼らは、ヒョウと同じ程度の野生動物だった。

ヒト属の系譜は、やや複雑である。ホモ・ハビリス（脳容量五〇〇～八〇〇cc）のヒト属の祖先種としての位置を揺るがしているのは、ホモ・ルドルフエンシスである。これはホモ・ハビリスよりもやや古く、二五〇万年前に現れ、ホモ・ハビリスと生存期間を並べている。ホモ・ハビリスよりやや遅く二〇〇万年前に現れるのがホモ・エルガスターで、その生存期間は初期のホモ・エレクトゥスとほとんど重なっている（Wood, 一九九二）。

ホモ・エレクトゥスの長い生存期間の最後に重なるのが、ホモ・アンテセッサーで（これは十分な資料がないとされているが）、ホモ・エレクトゥスの最後とやや重なってネアンデルタールの生存年代（五〇万年前から三万年前まで）の半ばまでに重なるのがホモ・ハイデルベルゲンシスである。

しかし、イギリスの人類学者クリス・ストリンガーはこれとは異なるホモ属の系統の描き方を紹介している（Stringer, 二〇〇三）。

それはホモ・エレクトゥスからホモ・ハイデルベルゲンシスを経て、ネアンデルタールと現在の人間ホモ・サピエンスに至るという単純な道筋と、ホモ・エレクトゥスに先行するホモ・エルガスターを想定し、そこからホモ・アンテセッサー（アフリカとヨーロッパ）とホモ・エレクトゥス（アジア）が出たとする。このホモ・アンテセッサーを母体として六〇万年前にホモ・ローデシエンシスが現れ、ここから四〇万年前頃にネアンデルタールが、やはりここからやや遅れて二〇万年前に、ホモ・サピエンスが現れたとする説を紹介している。

このどれが本当なのかは、今は判断できない。いずれにしてもホモ属の系譜はしょっちゅう書き換えられているので、紹介するほうはたいへんである。

厳密な意味でのホモ・サピエンス、すなわち現代人の起原は、今まで考えられてきたよりもずっと古くに遡った。アメリカの人類学者ホワイト、諏訪たちのグループは、一六万年前のエチオピアの地層からホモ・サピエンスの、これまで知られているなかでもっとも古い化石を発見した（White, *et al.*, 二〇〇三）。またしても、諏訪元《げん》さん（東京大学教授）のグループである。

この発見がすごいのは、ただ一個体の骨ではなくて、成人二体、子ども一体の三人の骨で、それも非常に完全なものである点で、この成人男子の脳容量は一四五〇ccと推定されているが、これは現代人とまったく同じである。この論文では五〇万年前の頭骨と中近東のカフゼ遺跡から出土した一〇万年前の現代人の頭骨とが比較されているが、これらの現代人の頭は、野生動物の頭骨と比較した時のチンやブタなどの家畜の寸づまりの形によく似ている。

これらの頭骨は、エチオピア東部のアワシュで、前期旧石器のアシュレアン石器と中期旧石器の石器とともに発掘されたという。その頭骨には死後に肉をはずすためにつけた傷や子どものものには磨いたあともあり、葬式か埋葬のし直しのような儀式の存在を想像させる。つまり、この一六万年前の人間は、現在の人間と同じような精神活動を持っていたのだろう。

こうして人類の系譜には実にさまざまな種があるが、では、そのどこで裸になったのだろうか？　すでに、哺乳類の総覧の結果は、現代人ただ一種が裸のはずという結論である。しかし、それは現代の哺乳類である。種の歴史の過去には、それなりの裸の系譜があったかもしれないという可能性は捨てきれない。

裸の哺乳類と人類の裸化の諸仮説の検討から、裸で生き残るためには特別な条件がなければ、人類クラスの大きさの陸上哺乳類が生き残ることはできないことが分かった。その特別な条件とは、人間の場合は家、火、そして衣類だと、仮定した。では、それらは、いったいいつ、人類のもとに届けられたのか？

着物の起原

実に幸いなことに、衣類については最近になって（二〇〇三年八月）新しい研究結果が発表され、その起原がほぼ明らかになった（Kittler, *et al.*, 二〇〇三）。ドイツのマックスプランク研究所のキットラーたちはコロモジラミのＤＮＡの突然変異を調べて、アタマジラミからコロモジラミが分かれて出現した年代を決定した(6)。

コロモジラミとアタマジラミとは、人間の着物と髪の毛とに巣くって、それぞれ着物の垢と頭のふけというまったく別の物を食べる。コロモジラミがアタマジラミから分かれたことは知られていたが、その分岐した年代が分かったのはこれが初めてで、その年代が約七万年前と確定されたのである。つまり、七万年前には人間は衣類を発明していた。

もっとも、衣類が発明される以前から人間は裸だったかもしれないので、これだけでは七万年前に人間が裸になったということはできない。

七万年前は、それまでの暖かい時代が終わって、最終氷河期が始まる時である。七万四〇〇〇年前にユーラシア大陸は一気に寒冷になる。そして、現代人はアフリカから中近東を通ってユーラシア大陸に入り込んでいた。つまり、現代人はそれまで裸で暮らしていたが、この最終氷河期の始まりの寒さの中で、衣類を発明したということなのだろう。

衣類は糸や穴開けや結ぶことなど高度の技術の塊だから、衣類の発明に先行してこれらの個別の技術はすでに開発されていたのだろう。遺伝学は人類の起原問題に常に光を与えてきたが、ここでも遺跡や化石によって直接に検証できない人間の技術開発の年代についても、手がかりを与えてくれた。

家と火の起原

しかし、衣類はなくても人間は生活できる。マダガスカルの沿岸で魚を捕り、ナマコを集めて暮らしている部族を含めて、水辺で生活している民族はほとんど裸で一日中暮らす。ところが、どんなに粗末なものでも、家だけはどうしてもなくてはならないものだ。吹きさらしの中では人は眠ることはできないし、雨でなくても夜露は体に毒なのである。

火は現代人にとっては、食物を調理するためにも絶対に必要だが、火は人間が裸になった時にどうしても必要だったかどうか、それは明らかではない。ただ、もしも火を古くから使っていて、しかもいつも使っていたとしたら、それで裸の不利益はずっとおだやかなものになっていたはずである。では、家や火の跡はいつから知られているのだろうか?

家も火も非常に古くからあったという説がある。

もっとも古い焚き火の跡は、ケニアのツルカナ湖東岸コービフォーラの一六〇万年前の地層で、石器が散らばった地層に焚き火があったとされている(Bellomo, 一九九四)。また、ケニアのチェソワンジャではオルドワン石器とともに火に焼かれた粘土が発見され、コービフォーラとともにもっとも古い火の利用の証拠とされてきた(Isaac, 一九八二)。

しかし、これらの遺跡では焼けた骨などは見つかっていないし、焚き火のあとに残るはずの炭はこれほど昔では分解して、たしかな証拠は残らない。最古の焼けた骨は、一〇〇万年前の南アフリカのスワルトクランスの遺跡層からアシュレアン石器とともに発掘された。しかし、これらはいずれも火を使った決定的な証拠というにはあまりにも断片的で、火の使用の決定的な証拠は北京原人の洞窟の灰まで待たなくてはならない。しかし、その周口店の遺跡なるものはただの洞窟堆積であり、火を使った跡ではない。

北京原人は火を使ったか？

「え？　嘘でしょう。どの教科書でも、人類最初の火の使用の証拠は北京原人の洞窟だと書いてありますよ」

雑賀さんは単調に続く船のエンジンの音と、凪いだ海面をすべるように進む船のゆるやかな揺れに気持ちよくなって、ほとんど眠っていたが、私の断言を聞いた瞬間に目が覚めたように反応した。私は繰り返した。北京原人が火を使った跡はない。

「わざわざ異論を立てて喜ぶ人っていますよねえ。ドクトルはそういう変人の部類とは思いませんが……」

私は常識の人だ。そう生きていたいと、ずっと思ってきた。ただ、ちょっと生き方が不器用なだけだ。事実は事実として語らしめねばならないと、思ってきただけだ。

現代の人類学者たちの多くは、ホモ・エレクトゥスは火を使っており、体毛もなかったと強く信じている（たとえば、片山一道、一九八七、一二五頁）。その人々にとっては、周口店洞窟の灰の層は炉の跡であり、炉は裸の体を温めた暖房である。しかし、周口店洞窟の状態を詳しく調べてみると、それはまったく疑わしい。

考古学者の赤堀英三さんは周口店の現場を見て、そこに人類が住む可能性はないと見抜く鋭い目をもっていた（赤堀、『中国原人雑考』、一九八一）。

「え？　赤堀さんって、ドクトルのお仲間ですか？」

そんなことはない。しかし、私は今まで黙っていたが、洞窟の遺跡を発掘したこともあれば、洞窟に住んだこともある。

「それは聞きましたよ。空手家とでしょう、三角跳びの。私は格闘技ファンですから、そういう細部の情報は聞き逃さないんです。でも、この話も長くなるからやめてと……。その赤堀さんは、どうして北京原人が、周口店ですか、その洞窟に住んでいないと、そう思ったんですか？」

それは現場を見た人の健全な感覚だった。その感覚を紹介する前に、赤堀さんとは別の視点から周口店がどんな洞窟かを紹介しよう。二宮淳一郎さんは北京原人の化石が戦争の混乱の中で失われたことを話題の焦点にしているので、周口店の洞窟についてはさらりと触れているだけである。だから、客観的というか、現在知られている情報をそのまま書いている。

こうして北京原人がこの洞穴に住みつくようになりました。いまから四六万年前のことでした。

最初、北京原人は東側の入り口からはいり洞穴の東半分に住んだようです。しかし、およそ三五万年ほど前にその辺りに大きな陥没が起こりました。いま鴿子《こうし》堂《どう》とよばれているところです。北京原人はやむなく洞穴の西の部分に移らなければなりませんでした。つぶされた東側の入り口に代わって山の中央部に開いていた裂け目から出入りしたのでしょう。(二宮、『北京原人——その発見と失踪』、一九九一、二六—二七頁)

この洞窟の東の入り口の陥没は、第七層「きれいな砂」の上にたまっているので、第八層よりも下の層から発見された古い北京原人たちは東の入り口から水平に入ってきたかもしれないが、それよりも上の第六層以降から発見された北京原人たち(三五万年前以降)は、最大では一五メートル以上のタテ穴を降りて、その洞穴の底で暮らしていたことになる。

つまり、周口店の洞窟は地下十数メートルもの深さの洞窟で、陽があたらないどころか、完全に暗闇である。石灰岩洞窟に入ってみれば分かるが、下に水が流れていなくても、そこは相当に湿った場所である。そこが人類の生活場所としてふさわしくないのは、当たり前だ。しかし、この本質的な問題を、世の多くの人類学者は無視してきた。十数メートルもの深さの地底に、わざわざ降りて行って生活する理由がどこにあるだろうか？

「でも、北京原人の時代にも部族というか、集団の間で争いがあったから、安全な場所をそこに選んだとか、そういう理由があると思いませんか？　聞いただけの話ですけれど、北極圏のいつも暗闇で生活している民族に、『どうしてこんなところで住んでいるんだ？』と探検家が聞いたら『誰もここまでは追いかけてこない。ここは平和だからだ』と答えたと言いますから」

平和主義者の青年は、たとえ暗闇で住むことになっても争いから逃れられたほうがいいと言う。それもまた、もっともなことだ。しかし、タテ穴の入り口ただひとつという洞窟では、そこに一人敵が現れただけで、この洞窟は逃げ場のない袋小路になったはずである。梯子をかけて登り降りしていたはずだから、それを壊されると出ることもできなくなるだろう。

もっとも、誰もがこの生存上の問題点を見のがしたわけではなかった。同じような疑いを、発掘初期の一九三〇年代にウェン・チャン・ペイが発表し（Te-K'un and

掘状況に疑問を感じていたし、中国人地質学者のリは、周口店の堆積は非常に攪乱されており、人類化石や石器は元々そこにあったのではないと、初めから言っていた。(Chung, 一九八五)、北京原人研究の第一人者だったワイデンライヒ自身も原人の発

現場を見た赤堀さんの言葉を聞いてみよう。

猿人洞(周口店洞窟)は東西の長さ約一七五メートル、南北幅約五〇メートル、深さ五〇メートル以上もある石灰岩の割れ目にできたタテ坑式の空間である。(赤堀、前掲書、一四頁)

猿人洞は石灰岩の割れ目にできた深いタテ坑であるから、落石の危険は常にあったろうし、げんに断面図には天井が崩落した形跡があり、とくに底部は湿った不快な場所であったことは容易に想像できる。こういう場所を北京原人が何十万年も「家」として、そこで進化発展したとは、私には考えられない。(同、一六頁)

洞窟に住んでみれば分かるが、天井を見上げて「あの石がいつ落ちてくるかなあ」と思いながら寝るのは、そうとうに圧迫感があるものである。まして、大崩落があっ

た洞窟である。堆積物の中に崩落した石がごろごろしている場所である。わざわざ危険性の高い場所を住居に選ぶのは不自然で、原人の骨は地表から流れてきて堆積したと考えるほうが、合理的だと私は思う。

つけ加えれば、人類の利用した洞窟で、タテ穴は周口店以外、絶無である。

灰の層は火を使った跡か？

赤堀さんは火を使った跡と言われている灰の層が、七メートルもの均質な厚い層になっているのはなぜか、という正当な疑問も出している。

常識的な説明では、何万年もの間の炉の跡だから、それほどに厚く溜まったのだ、というのだが、何万年もの間に一度もその層の中に生活跡が残らないのは、なぜかという疑問には、誰も答えない。人類学では時間を一万年単位で飛び越えることが多く、その時間の間には、一〇〇〇年間もの永久王朝がいくつも交代するほどだということは、ほとんど考慮されない。

七メートルもの均質な灰の層は、それが人間の生活跡ではないという積極的な証拠である。

周口店の厚い灰の層が人起原かどうかについての批判的研究は、ビンフォードらにである。

よって一九八〇年代に行われた（Binford and Ho, 一九八五、Binford and Stone, 一九八六）。彼らは北京原人の骨の多くがハイエナの糞化石とともに発見されており、人骨は穴居性の食肉獣が運んできた可能性のほうが大きいこと、灰の原料は（たぶんコウモリの）大量の糞化石であり、これらの有機燐を含む糞化石は自然発火すること、などを挙げて、周口店洞窟が北京原人の住居の跡とは考えられないと、結論した。

ビンフォードらが論文を発表した「カレント・アンソロポロジー」という雑誌は面白い。原論文とそれに対する批評とその批評への返事が同時に掲載されていて、それに沿って読んでゆくと一つの論文が取りあげた事実について、いろいろな方向からの光があてられ、対象が立体的に浮き上がってくる。中国での最近の研究によっても、原人による火の使用は否定されていることなども紹介されている（Yu-zhu, 一九八六）。

もっとも、化石人類の生活跡を詳細に調べて、するどい指摘を続けているクラインは、ビンフォードらの指摘をもっともとしながらも「しかしながら、いくつかのより薄い灰層はほとんど確実に（almost certainly）、ほんものの炉の跡を示している」（Klein, 一九八九）と言う（この文章は一九九九年の改訂版でも同じ）。私にとっては、このクラインの本は教科書のようなものだから、この不徹底な文章はひっかかる。この炉跡問題について専門家でもない私としては、深いタテ穴の洞窟生活者が周口店にいたことも、火を使ったことも非常に疑わしいのだという以外はない。

家の起原

小型の哺乳動物が裸になると、体の体温と水分を保たなければならない。その方法は千差万別で、ハダカデバネズミの地中トンネルのように、生命はとんでもない発想をする。人類の考え出した方法もすごい。なにしろ着物であり、火であり、そして家である。しかし、着物の起原は現代人の出現よりも新しく、火はホモ・エレクトゥスの時代では知られていない。炉のあとはネアンデルタールの遺跡から知られるようになるが、それは家と関係してくる。

「家って必要ですよねえ」

ほう、雑賀さんもそう思いますか。

「もう三〇を越していますからねえ、暑さ寒さが身にこたえるし、結婚もしたいし。嫁さんは裸とは関係ないですけどね、いや関係するか……。まあ、いいや。で、家はいつできたんですか？」

「それはなんと言っても、後期旧石器時代だね」

「あれ、断定的ですね？」

いや、今を去る数十年前に、わが師、碩学渡辺仁先生が私の同じ質問に、即座にそう答えられたのだ。わが師には「竪穴住居の体系的分類、食物採集民の住居生態学的研究」という膨大な論文があって、そこに住居の起原と分類について蘊蓄《うんちく》が傾けられている。

「後期旧石器時代っていつですか？」

石器は新石器と旧石器に分けられ、旧石器時代は前期と中期と後期に三分される。新石器は打ち欠いて鋭い刃をつくるタイプではなくて、磨いて刃を出すタイプである。子どもの頃にやったことがあるでしょう？

「今どきの子どもは、そんな原始的な遊びはしませんよ」

ともあれ、中期旧石器時代とはムステリアン文化であり、これはネアンデルタール人の文化で、大きな石を調整してそこから剝片型の石器を打ち欠いて作り出す。学生時代に石器の大家でもあった渡辺仁先生の指導のもとで、いくらか勉強した記憶をひっぱりだして言えば、このタイプの石器の作り方をルヴァロア・テクニックという。後期旧石器時代のオーリニャック文化に至って初めて、非常に精密な刃のある石器が作りだされる。

最古の現代人は一六万年前のエチオピアで発見されている(「講談社学術文庫版へのあとがき」参照)から、渡辺仁さんの断言によれば家の起原もまたそこにある。つまり、アウストラロピテクスやホモ・エレクトゥスの時代ではない。しかし、ネアンデルタールは現代人と生存した時期が重なるからいろいろ問題がある。そこでネアンデルタールの家と言われるものを調べてみよう。しかし、その前に最古の家のあとと言われたものについても調べておこう。家の起原は、人類が裸になったことと密接に関連するからである。

一八〇万年前の最古の家?

史上最古の有名な家の跡は、タンザニアのオルドヴァイ渓谷でアウストラロピテクスとホモ・ハビリスを発見して人類学史に名を残したルイス・リーキーの奥さん、メリー・リーキーが見つけたことになっている。場所はオルドヴァイ渓谷で一八〇万年前のホモ・ハビリスの時代とされる。これは一般向けの本では事実として扱われていて、「およそ二〇〇万年前、初期人類は……世界最初の家(シェルター)さえ建てただろう」(ランバート、『図説 人類の進化』、河合雅雄監訳、一九九三)と言う。

アメリカの人類学者リチャード・クラインは、現生の人間の起原の問題を厳密に検討した著書の中で、このリーキーの論文についても重厚、厳格な注釈を加えている(Klein, 一九八九)。この本に示されたメリー・リーキーの論文の原図を見ると、一般向けの本の図では省略されている、重要な細部が分かる。リーキーが住居跡だと言った、直径四〜五メートルの円の形に石が並んだ地点とその周辺の一五〇メートル四方での、石器や遺物の分布図面である。石が円形に並んでいる中には、他の場所よりあきらかに石が多く、石器は破砕片ひとつだけで、骨もほとんどない。石器は、円形に並んだ石の外にある。一般書ではこの周辺の石器の分布図を省略しているので、「石器などの生活跡がある」と言われれば、読者はこの石の円の中に、すなわち「家」の中にあるのだろうと思いこんでしまう。このことだけでも、この住居跡は変だ。

もっと変なのは、石は環形ではなくて、円の中全体に敷き詰められたように並んでいることだ。野営をしたことのある人なら分かるだろうが、テントの内側にある石を除くことがテント設営の最初であり、わざわざ石を敷き詰めはしない。このことをクラインは鋭く、かつ紳士的に指摘する。

「これは世界最古の家の基礎かもしれないが、地表のすぐ下にあった玄武岩をそこに生えた木の根が放射状に砕いて小石にした位置を、ただ単に示しているだけなのだろう」（前掲書、一七二頁）と。

こうして、最古の家は玄武岩の破片とともに、まぼろしと消えてしまった。

アウストラロピテクス類では、家は無理なようである。では、ホモ属ではどうか？ 二四〇万年前のホモ・ハビリス、一九〇万年前に出現するホモ・エレクトゥスはいずれも失格である。フランス人考古学者ド・リュムレイらは、ニース近郊のテラ・アマタ遺跡で、ホモ・エレクトゥス時代に平地での小屋掛けの跡を発掘したと報告した（de Lumley, *et al.*, 一九六九、江原、一九九三）。しかし、その小屋跡と言われるものを、自然に起こった流れの跡と区別することは難しいという（Klein, 一九八九）。

こうして、家と焚き火の起原を探す旅は、ネアンデルタールとホモ・サピエンスの時代に至りつく。ネアンデルタールはどういう人類だったのか？ 火を使ったらしい。家もあったと言われている。ほんとうだろうか？

第十章　ネアンデルタールの家

ある朝、私たちのキャンプにマダガスカル人が大きな鳥を抱えて現れた。茶色の羽、後ろ頭の金属光沢の緑は、マダガスカルトキの特徴だった。私たちはこの発見に驚いて森の中を調べ始めたが、アンジアマンギラーナの森には一〇番《つがい》以上のマダガスカルトキが巣を作っていることが分かった。この絶滅危惧種の、新しい繁殖地の発見だった。

ドイツの鳥類動物園と日本の上野動物園は、どちらも雛を送ってくれるようにチンバザ動植物公園に依頼してきた。私たちは、上野動物園のためにマダガスカルトキの雛を捕まえに出かけ、ようやく七羽のマダガスカルトキの雛を手に入れた。

一羽あたり一日四五匹のコオロギを食べる雛のために、毎日三〇〇匹以上のコオロギを買い集めた。それは親指ほどの大きさの地中性のコオロギで、ついに私たちの夕食のおかずにも出てきた。コオロギのから揚げを、雑賀さんに回す。

「ぼく？　僕はもう、一匹頂きましたから」と、彼はいやに切り口上である。どうして？　と聞いてみると、アフリカ世界に何年も住んでいたけれど、こういう昆虫食はダメなのだと、雑賀さんは正直に告白した。

食べ物の好き嫌いは、誰にもある。昆虫食はサルではよく見られる。アウストラロピテクスの時代から人類の食卓にこういう類のものは当たり前だったわけで、ネアンデルタールもおいしいコオロギを食べていたでしょうね、と夕食後の話を強引に本論にもどす。雑賀さんはコオロギから話が移ったので、ほっとしている。

ホモ・エレクトゥスの後継者、一時古代型ホモ・サピエンスと呼ばれ、現在では、ホモ・ハイデルベルゲンシスやホモ・ローデシエンシスなどという名前が提案されているなやましいヒト属と、五〇万年前に現れたと言われるネアンデルタールのもっとも古いタイプのものとの間の境は、混沌としている。しかし、典型的なネアンデルタール、いわゆる古典的ネアンデルタールの時代ははっきりしていて、最終間氷期と最終氷河期にあたる一三万年前から三万年前までの一〇万年間の時代である。

ネアンデルタールの分布域は、ロシアとスカンジナビア半島とイギリス北部を除くヨーロッパのほぼ全域と、シナイ半島以北の中近東からカスピ海の東までの中近東に局限されている。ネアンデルタールは航海の手段をまったく持っていなかったようで、ジブラルタル海峡のすぐ北のスペインの海岸にはいたけれども、北アフリカには渡っていない。

ネアンデルタールの脳容量（一二〇〇～一七五〇cc）は現代人（平均一四五〇cc）よりも大きく、目の上の庇のような骨の隆起と大きな鼻は、ネアンデルタールが現代人に比べて、非常に陰影に富んだ顔つきをしていたことをうかがわせる。ネアンデルタールの頭は、ホモ・エレクトゥスに似て前後にながく平らで、これに比べると、現代人の頭は丸く高い。

ネアンデルタールの身長は平均一六六センチで現代人とそう変わりはないが、体のつくりががっしりしていて、骨も大きく頑丈だったので、体重はずっと重かっただろう。注目されるのはその手の指で、フランスのラ・フェラジーの六万年前の遺跡から発掘された手の骨の復元写真（Napier, revised by Tuttle, 一九九三）は、強烈な印象を与える。ネアンデルタールの手の骨は太く、関節は節くれだって、筋肉が発達していた。ことに親指のつけ根の盛り上がった筋肉（親指を曲げたり、伸ばしたりする三つの筋肉の集合）や指の骨を連結する筋肉が非常に発達していた。親指の骨は現生の人間よりも太かったし、指の先は大きくて、へらのように広がっていた。

手の握りの強さを示す「親指太さ指数」（中手骨先端の太さをその骨の長さで割ったもの）では、現代人の三〇・六に対して、ネアンデルタールでは三二・三と明らかに親指が太かった（Susman, 一九九四、とりまとめは拙著『親指はなぜ太いのか』一五七頁）。

ネアンデルタールは、ムステリアンと呼ばれる薄手の一〇センチ内外の小さな石器（中期旧石器）を使っていた。「ネアンデルタール型パワー・グリップ」（Trinkaus, 一九九二）とは、この強力な親指のつけ根と手のひらと大きな指でこの薄い石器を握るやり方である。これらの石器の原材はガラスや水晶と同じ組成のものだから、現代のセラミック・ナイフと同等以上の切れ味があっただろうし、それをこの強力な手で使っていたのだから、その威力は想像しただけでぞっとするほどである。

ネアンデルタールの家といわれる遺跡

中期旧石器時代の住居跡といわれるものは、ドイツのアリアンドルフとラインダーレン、スペインのクエバ・モリン、フランスのラザレ、ラ・フェラジー、ペッシュ・ド・イアゼI、コンブ・グルナル、およびウクライナのモルドバIとVなどである。

これらの中でもっとも有名なのは、なんといってもウクライナのモルドバIで、そこにはリング状にマンモスの骨や牙が集積し、あちこちに炉跡や石器があった。これらのリングのうちでもっとも住居らしいのは、長さ八メートル、幅五メートル、四二平方メートルのものである（Gamble, 一九九三）。現代の狩猟採集民族の家屋の広さは、最大は四一平方メートルで、ふつうは一二〜二四平方メートルである。この広さは、ネアンデルタールの家としてはちょっと広すぎる。

発掘原図を見ると、モルドバⅠは約四〇メートル四方にマンモスの骨が散らばっているだけで、人為的な構造というよりも水によって流されたマンモスの骨や牙がここかしこで溜まった跡というほうがいい。また、炉の跡は住居と言われるものの内部にも外にも同じように分散していて、住居としての構造性はない（Klein, 一九八九）。

ド・リュムレイは、ラザレ洞窟遺跡の石の列からネアンデルタールの洞窟住居を再現してみせた（de Lumley, *et al.*, 一九六九）。彼は洞窟の入り口からさしこむ光の中に岩壁を一方の壁にして、一枚のテントで片側を覆った住居を描いている。そのテントは柱と横木によって支えられて、長方形の空間を作っている。そのテントを動かないように石が地面で押さえているのだという。

しかし、このよく知られた住居跡については、異論が多い。まず、テントを支えたという柱の穴がない。一列に並んだ石は、ただ単に洞窟の天井から落ちてきたものか、それとも炉の場所を平らにするために石を除いたものを一ヵ所に集めたと見たほうがよい（Mellars, 一九九六）。

モルドバV、IVとVII（ウクライナ）、コステンキXI（ロシア）のマンモスの牙に囲まれた炉のある住居遺跡は、屋根のない構造だったらしい（Gamble, 一九九三）。ネアンデルタールの遺跡で柱の穴として確かなのは、コンブ・グルナル遺跡から旧石器文化の大家、フランス人考古学者フランソワ・ボルドが発掘した一つの穴だけであると言う（Mellars, 一九九六）。しかし、一本の柱の穴から家を想像するのは、相当な空想であろう。こういうことだから、俊敏なる人類学者クラインは「ネアンデルタールの時代、中期旧石器時代には実質的な家はなかった」とはっきり言う（Klein, 一九八九、三一四頁）。

焚き火の跡とネアンデルタールの分布

「でも、炉の跡とかはあったんでしょう？　火があったのなら、ネアンデルタールは裸だったんじゃないですか？　家が少々不完全でも火さえあれば」

雑賀さんはこう言って、コオロギショックからなんとか立ち直ろうとしていた。

フランス中央部のレ・カナレットで石炭を燃やした跡が発見され、七万三五〇〇年前と測定された（Théry, *et al.*, 一九九五）。また、イスラエルのケバラ洞窟遺跡やシリアの洞窟遺跡でも焼け跡が見つかった（奈良貴史、『ネアンデルタール人類のなぞ』、二〇〇三)。それまでの時代とは違って、ネアンデルタールが火を使っていたことは、確実である。

しかし、ネアンデルタールの炉と言われるものの跡は、石組みのしっかりしたものではなく、せいぜい石で囲まれた程度のただの焚き火の跡でしかない。ネアンデルタールの家は屋根がなかったのだから「少々不完全だった」というようなものではない。しかも、焚き火の跡もまた、ネアンデルタールのいたところすべてで見られたわけではない。

「でも、当時のヨーロッパは氷河期のただ中だったんでしょう? 今より寒かったわけでしょう。その時代に家も暖房もないネアンデルタールが、どうして生きてゆけたんですか?」と、雑賀さんは食い下がる。

ネアンデルタールは氷河期のツンドラ地帯で住んでいたわけではなく、その周辺より暖かい地域にいた。またネアンデルタールの遺跡には洞窟が多く、ある程度まで家のかわりをしたかもしれないが、それだけでネアンデルタールが生きていけたわけではない。この問題を解く鍵は、ネアンデルタールの分布にある。ネアンデルタールはヨーロッパと近東にだけ分布していた。なぜ、そうなのか?

哺乳類の分布パターンにはある共通性があって、アフリカとアジアに分布するものはヨーロッパにも分布するのがふつうで、ネアンデルタールとホモ・サピエンスのように、一種がヨーロッパだけに分布し、近縁種がアジアとアフリカに分布するものは例がひじょうに少ない。この分布パターンに対応するのは、ノウサギ属（*Lepus*）のヨーロッパノウサギ（ヤブノウサギ、*L. europaeus*）とケープノウサギ（*L. capensis*）くらいである。ヨーロッパノウサギのさらに北方に棲むユキウサギ（*L. timidus*）は、アラスカとヨーロッパ北部からユーラシア北部全域とシベリアから北海道にまで広がっている。現生の人間以外は、この地域に住んだ人類はいない。

この哺乳類の分布パターンから見ると、ネアンデルタールの分布域はヨーロッパノウサギのタイプである。ボルドのつぎの言葉には重みがある。

「ムスティエ期の人たち（ネアンデルタール）は……フランスでは比較的温暖な気候の時代にだけ住みついたらしい」（ボルド、『旧石器時代』、芹沢長介・林健作訳、一九七一）。

ネアンデルタールは、環境を克服するタイプの人類ではなかった。彼らは氷河の拡大と縮小という大きな環境の変化に従いながら、氷河から少し離れた温帯から冷温帯で生活している。彼らは、決してそれより低い温度帯やより高い温度帯の地域には入らなかった。

ユキウサギの例から分かるように、寒帯に哺乳類が分布しないわけではない。現在の極北イヌイットたちが寒帯で生活できるように、寒帯を克服する技術があれば寒帯の獣たちを追って生活することはできる。しかし、ネアンデルタールはそこまでは踏み込めなかった。

ネアンデルタールの南にはホモ・サピエンスがいたが、近東のレバント地方[7]がその境界で、この境界線ではネアンデルタールの南下、北上に合わせて、二種の人類が交互に住んでいる。

日本の発掘調査隊はアムッド（イスラエル）でネアンデルタールを掘り当てたが、むろんそれまで各国の調査隊がなんども調べ上げていた場所だった。

この遺跡を発見した渡辺仁さんは、「イスラエルの学者たちは『そこはもう調べたところだから、何もない』と言ったけれども、勘が働くんだ。道路からはちょっと見えにくいところだったが、あの崖の様子を遠望してあると思った」と私に話したことがあった。仁さんは奥さんに「ネアンデルタールを見つけた時には、足が震えた」と言ったそうだから、その骨があるという確信と実際に目の当たりにした感激とは、また別のものだったのだろう。

五万〜六万年前にはアジア大陸を越えてオーストラリアまで進出していたホモ・サ

ピエンスが、四万年前までヨーロッパに進出できなかったのは、ネアンデルタールがそこに前々からいたためだとしか考えられない。節くれだった手をもった強力な体と大きな脳のネアンデルタールには、後期旧石器のあらゆる要素を全面的に展開したオーリニャック文化の技術革命以前では、ホモ・サピエンスはとうてい対決することができなかったのだろう。

ネアンデルタールは死者に花を供えたか？

ネアンデルタールが死者を埋葬し、花を供えたという話は絵にまで描かれて一般向けに広く知られている（ランバート、一九九三＝Lambert and the diagram group, 一九八七）。日本の調査隊もイスラエルのアムッド洞窟でネアンデルタールを発掘し、「アムッドI（ほぼ完全な全身骨格）は洞の入り口に、頭を北の方向、すなわち洞奥に、四肢はテラスにむけ、体軸はほぼ南北にあった。……下肢はあたかも正坐したときのように腰と膝の関節で強く曲げた状態でアムッドB層の中に、ほぼ水平位で埋葬されていた」（鈴木、一九七一）と報告している。この記述からは、ネアンデルタールが死体を埋葬するのは、前提として考えられていることが分かる。

ネアンデルタールは、ウズベキスタンのテシック・タシュでは、野生のヤギの仲間アイベックスの角を死者のまわりに置いたとされ、イラクのシャニダール遺跡では埋葬に花を飾ったと言われてきた。しかし、これらの例はひじょうに疑わしいことが指摘されている（Gargett, 一九八九）。アメリカの人類学者ロバート・ガージェットのこの論文は「カレント・アンソロポロジー」誌に発表されて論争を呼び、ネアンデルタールの精神生活についての学者間のイメージの違いを浮き彫りにした。

ガージェットは、ネアンデルタールが死者を埋葬したと言われている遺跡として、テシック・タシュとシャニダールのほか、フランスのラ・シャペロ・サン、ル・ムスティエ、ラ・フェラジーおよびレグルドーを取りあげて、その骨の発見位置を詳しく調べ、埋葬したという主張に根拠がないことをひとつひとつ指摘した。たとえば、テシック・タシュでは、頭骨のまわりに体の骨がばらばらになって散乱していて、頭骨のまわりを飾ったとされるアイベックスの角は、頭と体の骨の散乱した場所の半分にだけ並んでいて、とうてい意図的に死体のまわりに角を置いたという分布状態ではないことが指摘されている。また、シャニダールでは、洞窟の入り口は幅二五メートル、高さ七・九二メートルという大きなもので、風で花粉が洞窟の中に運ばれたことは、容易に考えられること、また、シャニダールの骨のあった場所にはネズミの穴がいくつもあって、ネズミが巣をつくるのに草を運んで、花粉を持ち込む可能性が大きいことなどを指摘した。

彼の論文への反論は、当時の発掘でも層序は正確に調べており、埋葬したという結論に問題はない、というものから、ネアンデルタールではそれまでの古い人骨が部分的にしか残されていないことに比べると、完全な骨格が現れることで特徴があり、それはなんらかの埋葬があったと考えたほうがよい、とするものまでさまざまである。しかし、埋葬があったといわれる各遺跡の主張にいつも具体性がなかったことは、ネアンデルタールの遺跡に詳しいイギリスの考古学者、クリーブ・ギャンブルも認めている。

中期旧石器時代の遺跡では、ダマジカ（ファローディア）の角が死体と一緒に発掘されたイスラエルのカフゼ遺跡や、イノシシの完全な顎が埋葬された死体と一緒にあったイスラエルのスフール遺跡の二つだけが、死体と一緒に埋葬品を置いた可能性がある例である。そして、よく知られているように、この二つの遺跡は、解剖学的には現代型ホモ・サピエンスの遺跡である。こうして、ネアンデルタールの遺跡には、埋葬に副葬品をともなう例はほとんどないに等しいことが次第に明らかになってきた。

私にとっては、アナウサギでさえ死体を埋めるのだ、というガージェットの論文へのアンドレゼ・ウェーバーの指摘は興味深い。ただ埋めるかどうかだけでは、ネアンデルタールの精神生活を判断する材料にも、またそれを現代人と区別する基準にもならない。死者への対応は、その精神生活を垣間見せるので、論争の的になっているのだが、ネアンデルタールは明確な副葬品を見せていない点で、現代人とはまったく異なっている。

ネアンデルタールは洞窟（あるいは岩蔭）を住居として選んでいた。洞窟や岩蔭に住んだことがあれば分かるが、そこはいつも落石の危険にさらされる場所である。もしも、落石で死んだなら、その土砂によるおおわれ方によっては、そのまま埋葬されたように見えるはずである。

奈良貴史さんは、ネアンデルタールは埋葬したという立場である（奈良、二〇〇三）。レバント地方の洞窟で発見されたネアンデルタールの骨は「解剖学的位置関係を保ったまま出土したこと」（七八頁）が、埋葬の理由である。しかし、その理由に「閉じたままの口」と「開いた口」が挙げられているのは、私には納得しがたい。死んだ人の口が閉じているか開いているかは、その死亡時の状況によるもので、土に覆われると閉じるわけではない。

私が埋葬説に納得しない最大の理由は、洞窟というネアンデルタールの住居跡に仲間を埋めるのは、理解できないからである。墓場と生活場所がいっしょということはありえない。しかも石灰岩洞窟だから奈良さんも言うとおり「こんな土に、ひと一人埋めるだけの穴を石器で掘るのは骨の折れる仕事である」（八四頁）。だから、埋めなかったと私は思うが、奈良さんはそこから逆の結論を導く。「洞窟内で仲間が死んだとしても、崖の中腹に位置することが多い洞窟から放り投げれば、動物などが速やかに処理してくれるだろう。それをしないで埋めたのは、死に対してなんらかの思いが存在したからではないだろうか」（八四頁）。人は同じ事実を見ても、違った感想を持つものである。

しかし、そういう死者への思いがあるとして、生活場所である洞窟に死体を埋めて生活できるものだろうか？

このネアンデルタールの分布と住居遺跡は、彼らが野生動物だったことを示している。野生動物として生きてゆくことができるためには、毛皮がなくては不可能である。

ネアンデルタールも風除け程度はつくり、火をつくる能力もあっただろう。なにしろ、彼らの脳は私たち以上に大きかったのだから。しかし、毛皮さえあれば、動物にそなわった能力に適した気候のもとでは、生きてゆくのに何の不便もない。冬のある温帯に住むネアンデルタールが、密閉した家をつくったり、炉を整備したりすることに積極的な衝動をもたなかったのは、彼らが野生動物であり、毛皮をまとった哺乳類で、言ってしまえば雪の中でも生活できるニホンザルのような人類だったからである。温帯の冬に耐えることができる長い上毛と、ふっくらした毛玉のような下毛でむくむくしたネアンデルタールを想像してよい。それは真っ白な毛だったかもしれない。

毛皮は、野生動物にとっての衣類ではない。どんな雨でも、たとえ吹雪でも、毛皮に覆われているかぎり、丸くなってやりすごすことができる。

毛皮は、家である。

ネアンデルタールが絶滅したわけ

ネアンデルタールがニホンザルのような野生動物だったとすれば、ネアンデルタールの分布とその絶滅を無理なく説明できる。

最終氷河期のあとには、それまでヨーロッパに棲んでいたサル（ニホンザルに似たマカク類）はいなくなっている。三万二〇〇〇年前から始まり、一万二〇〇〇年前に絶頂期を迎える最終氷河期（ヴュルム氷河期）の最寒冷期では、スカンジナビア半島の氷河は南下して北ヨーロッパ全域を覆ってしまい、南ではアルプスやピレネーに山岳氷河が発達してヨーロッパのほとんどはツンドラとなり、イベリア半島にまでトナカイが進出した。ヨーロッパは現在のシベリアのような気候となり、ヨーロッパの温帯地域に適したネアンデルタールが生活できるような環境ではなくなった。

それまでなら、ネアンデルタールは寒さを避けて南下し、ヨーロッパ南部海岸地帯の温暖な地域や中近東に移動して生存を続けられたが、三万年前に次第に極寒の度を増すヨーロッパをさすらうネアンデルタールの前に現れたのは、新しい文化で武装したホモ・サピエンスだった。彼らは、それまでネアンデルタールがレバント地方で出会ってきたホモ・サピエンスとは、文化的レベルが違っていた。オーリニャック文化で武装したクロマニョンと名づけられたホモ・サピエンスである。

この鋭い石器を取りつけた槍を持つ恐るべき人間たちは、あらゆる大型動物との共存を拒否し、むしろそれらを征服し、絶滅させることを常に望んでいた。毛皮に覆われたネアンデルタールが彼らより大きな脳を持っていても、この強烈な意志力と新兵器には抗することはできなかった。ちょうど、それから三万年後のアメリカ大陸での出来事のように。

もっとも、近代のアメリカ大陸でも、白人が支配的民族としてネイティブ・アメリカンと置き換わるには数百年をかけたように、ネアンデルタールもただちにヨーロッパをクロマニョンに譲り渡したわけではなかった。南フランスのシャテルペロニアン文化は、奇妙にオーリニャック文化の要素が入ったネアンデルタールが担った文化と考えられている。そのように、この巨大な脳を持った隣人は、ホモ・サピエンスの圧迫に耐え、その文化を取り入れる能力も持っていて、オーリニャック文化を持って迫るホモ・サピエンスと、ほとんど一万年の間共存した。

だが、ネアンデルタールに未来はなかった。

もしも、ヨーロッパ世界にネアンデルタールが生き残っていたなら、世界史はまったく違ったものになったはずだ。

こうして、ネアンデルタールのいなくなったヨーロッパのツンドラのただ中に、クロマニョンという現代人が登場した。永久凍土の世界に彼らが現れることができたのは、実に逆説的なのだが、ネアンデルタールとは違って彼らには毛皮がなく裸だったからである。

では、裸の人類は、現代人はどこで、いつ生まれたのか？

第十一章 裸の人類はどこで、いつ出現したのか?

二〇万年前から一万年前までのアジア・ヨーロッパ、ユーラシア大陸は、繰り返す氷河期の時代である。一九万年前から一三万年前までは、いわゆるリス氷河期(「最後から二番目の氷河期」Penultimate Glaciationと英語圏では呼ぶ)で、その後温暖と寒冷を繰り返して、七万四〇〇〇年前にヴュルムⅡ氷河期(最終氷河期)となる。この氷河期は次第に寒冷の度を加えて二万四〇〇〇年前から一万二〇〇〇年前までもっとも寒くなり、一万年前には一気に逆転して温暖になり、現世(完新世)が始まる。

現代型ホモ・サピエンスは他の化石人類に比べるとほっそりした骨格で、眼窩上隆起がほとんどなく、頭は大きくて丸く高く、歯や顎が小さくなり、おとがい(下顎の先端が先に突き出す)のあることが特徴である。

現代型ホモ・サピエンスは、一三万年前のエチオピアのオモ渓谷のキビシュ、一三万年前から七万年前の南アフリカのクラシーズ河口洞窟、一〇万年前のイスラエルのカフゼとスフールで発掘されてきたが（Stringer, 一九九二）、現在知られている限りで、もっとも古い現代人の化石はエチオピアのアファールで見つかった一六万年前のものである（White, *et al.*, 二〇〇三）。

しかし、アフリカのヒト属の化石の発掘はこれから本番というところで、場合によるとホモ・サピエンスの祖先はもっと昔に遡るかもしれない。アメリカの人類学者クラインは、スーダン、エチオピア、ケニア、南アフリカで一五万年以上も昔のアフリカの中期旧石器時代人骨の一覧をあげている（Klein, 一九九九）[8]。

現代人と文化の起原——マクブリーティとブルックスの仮説から

この現代人、ホモ・サピエンスについてのもっとも悩ましい問題は、彼らがネアンデルタールと同じほど古い起原を持つにもかかわらず、現代人の文化とされるオーリニャック文化（後期旧石器文化）はヨーロッパでは四万〜五万年前にしか現れず、その出現以来一〇万年以上もの間、ネアンデルタールと同じ古いタイプの石器しか使っていないことで、つまり、形質と文化がまったく一致しないことだった。

私は最初、この形質と文化のずれの問題は、いつ裸化がはじまったかが分かれば解決できると考え、遺跡から家の構造がはっきり現れる後期旧石器文化とともに、つまり五万年前に現代人が現れたのだと考えていた。しかし、それはヨーロッパ中心主義とでもいうべき偏見にとらわれているためだとする大胆な論文が現れた。

最近、アフリカの中期旧石器時代の遺跡の発掘が進み、後期旧石器の起原と展開について新しい知見が加えられてきたが、アメリカの人類学者、マクブリーティとブルックスはこれらの成果をまとめて、「現代人の起原について、革命はなかったという立場から」という長い題の論文（一一〇頁）を発表した。

彼らは極めて印象的な言葉で自分たちの立場をまとめている。

〝現代人革命（Human revolution）〟[9]仮説の提唱者たちは、現代人の行動は突然に、そして旧世界に同時に四万〜五万年前に起こったと主張している。この基本的な行動変化は認識能力の発達、大脳の再組織化、そして言語の起原を示すとも主張されている。もっとも古い現代人すなわち *Homo sapiens sensu stricto*[10]の化石は、アフリカとそれに接するレバント地方で、一〇万年以上前に発見されているので、〝現代人革命〟仮説は解剖学的現代人とその行動の現代性との間にタイムラグ（時間的なずれ）を生み出し、さらにこの仮説はもっとも古いアフリカの現代人は行動的にはプリミティブ（未開）であるという印象を生み出すことにもなった。この見方は深く根ざしたヨーロッパ中心主義の偏向によるものであり、またアフリカの考古学的な記録の広がりと深まりを評価することに失敗したためでもある。(McBrearty and Brooks, 二〇〇〇、四五三頁)

オーリニャック文化（後期旧石器文化）を「革命」と呼ぶのは、これらが一気にひとつのセットとしてヨーロッパ全域に広がるからで、従来の文化とは質的に異なるという意味合いがこめられている。

現代人革命はなかった？

ヨーロッパ中心主義を考えなおす「現代人革命はなかった」という視点からマクブリーティたちは、アフリカの考古学的資料を調べなおした。

彼らはそれまで後期旧石器文化だけに特徴的な文化的指標とされてきた刃石器、細石器、骨器、漁労、埋葬、ビーズや装飾品、染料などが、アフリカの一二一の遺跡に見られるかどうかを精密に調べ、それらの文化要素は、二〇万年前にはアフリカに出現していたことを示した。

（後期旧石器文化の要素は）〝現代人革命〟論者が主張するように突然いっぺんに現れたものではなく、いろいろな場所と年代で別々に出現したのである。このことは、アフリカでの現代人の行動上の特徴がだんだんと集積されて、その後に旧世界の他の場所に輸出されたことを示している。

彼らのこの結論は正しいと思う。しかし、ホモ・ヘルメイ（*Homo helmei*）というアフリカの中期旧石器時代のホモ属がホモ・サピエンスと同じなら、という前提で「我らの種の起原は二五万年前から三〇万年前に出現した中期旧石器時代につなぎ合わされることになる」という結論は、どうだろうか？

〝現代人革命〟はなかったという立場から

McBrearty, S. and Brooks, A.S., 2000. The revolution that wasn't: a new interpretation of the origin of modern human behavior. *J. of Human Evolution* 39:453-563.

同上論文の要約の全文

「〝現代人革命（Human revolution）〟仮説の提唱者たちは、現代人の行動は突然に、そして旧世界に同時に四万～五万年前に起こったと主張している。この基本的な行動変化は認識能力の発達、大脳の再組織化、そして言語の起原を示すとも主張されている。もっとも古い現代人すなわち *Homo sapiens sensu stricto* の化石は、アフリカとそれに接するレバント地方で、一〇万年以上前に発見されているので、〝現代人革命〟仮説は解剖学的現代人とその行動の現代性との間にタイムラグ（時間的なずれ）を生み出し、さらにこの仮説はもっとも古いアフリカの現代人は行動的にはプリミティブ（未開）であるという印象を生み出すことにもなった。この見方は深く根ざしたヨーロッパ中心主義の偏向によるものであり、またアフリカの考古学的な記録の広がりと深まりを評価することに失敗したためでもある。実際、〝現代人革命〟の構成要素の多くは四万～五万年前に現れたと主張されているが、それらはアフリカの中期旧石器時代の遺跡にそれより数万年も早い時代に見つかっている。これらの構成要素には刃石器と細石器技術、骨器、地理的領域の拡大、特殊化した狩猟、水産資源の利用、長距離交易、色素の体系的作成と利用、そして芸術と装飾が含まれる。これらのそれぞれは、〝現代人革命〟論者が主張するように突然いっぺんに現れたものではなく、いろいろな場所と年代で別々に出現したのである。このことは、アフリカでの現代人の行動上の特徴がだんだんと集積されて、その後に旧世界の他の場所に輸出されたことを示している。

アフリカの中期旧石器と後期洪積世の早い時期の人類化石の記録は、完全に連続的で、その中にホモ・サピエンスの可能な祖先を提供するいくつかの違った種が確認される。中期旧石器技術の出現と現代的な行動の最初の兆候は、ホモ・ヘルメイ（*H. helmei*）とされてきた化石の出現と一致する。ホモ・ヘルメイの行動は、それ以前の人類とは違って、現代人とまったく似ていることが示されている。もしも、解剖学的にも行動学的にもホモ・ヘルメイがホモ・サピエンスとされるなら、我らの種の起原は二五万年前から三〇万年前に出現した中期旧石器時代につなぎ合わされることになる」

■後期旧石器文化の特徴的技術の起原年代

（≧：より古い年代　?：原文でも年代決定の根拠があいまいなもの　MSAポイント：中期旧石器の先端石器　/の後は遺跡や地方名）

	ヨーロッパ	レバント地方	北アフリカ	中・東アフリカ	南アフリカ
石刃（ブレード）	・4万～4万5000年前 /Aurignacian ・6万年前	・35万年前? /Mugharan ・25万年前	・7万5000～12万7000年前 /Haua Fteah	・≧23万5000年前 /Gademotta ・28万年前	・12万年前 /South Africa ・8万年前

		/Tabun	・20万年前 /Nile valley	/Kapthurin	/Howiesons Poort
M S A ポイント	・6万年前			・13万年前/Mumba ・23万年前 /Twin Rivers	・7万～8万年前 /Bambata
細石器	・3万5000年前 /Uluzzian,Italy			・6万5000年前 /Mumba	・7万2000～8万年前 /Howiesons Poort
骨器			・6万年前 /Grotte d'el Mnasra	・9万年前 /Katanda	・8万年前 /Border Cave ・7万3000年前 /Blombos Cave
漁労			・12万5000年前 /Massawa	・7万5000年前 /Katanda	・5万～7万5000年前 /White paintings
埋葬	・7万5000年前? （ネアンデルタール）	・9万～12万年前 /Qafzeh			・10万5000年前? /Border Cave
装飾品				・3万7000年前 ～4万年前 /Enkapune ・5万2000年前 /Mumba	・7万3000年前 /Blombos Cave ・≧8万3000年前 /Apollo 11
顔料使用	・3万年前			・28万年前 /Baringo	・5万9000年前 /Apollo 11
シンボル				・23万年前 /Twin Rivers	・≧10万年前 /Klasies ・12万1000±6000年前 /Florisbad

たしかに、アフリカの中期旧石器時代には、のちの後期旧石器文化の指標となるいくつもの文化的活動の証拠がある。ブレード（石刃）は後期旧石器文化の特徴であると叩き込まれてきた者にとっては、ブレードはヨーロッパでは四万〜四万五〇〇〇年前だが、東アフリカでは二三万五〇〇〇年前、あるいはそれ以前と推定されているデータにはひっくり返って驚いてしまう。さらに、顔料のもっとも古いものは、二八万年前まで遡るという。

彼ら自身が発掘したケニアのバリンゴの遺跡では、顔料がたくさん見つかっており、「黄土とその痕のあるすり鉢石（グラインド・ストーン）が一九九七年に発掘された」。

さらに、この発見がケニアのこの遺跡だけではないとも言っている。

ザンビアのツイン・リバーの洞窟遺跡で、早期ＭＳＡ（中期旧石器時代）の時点での顔料が最近報告された。黄土が三片、褐鉄鉱一片、赤鉄鉱二片がＵシリーズで二三万年前と確認された洞窟堆積物に覆われた人工物と骨で加工した角礫岩の中から発掘された。

顔や体に顔料を塗る、あるいは壁面を彩色する行動は、現代人の特徴であり、毛皮のある野生動物にはありえない。

マクブリーティとブルックスのとりまとめから、後期旧石器文化の指標とされてきた各技術のもっとも古い年代を抜き出すと、以下のようになる。

顔料：二八万年前、刃石器：二八万年前、細石器：八万年前、漁労：一二万五〇〇〇年前、埋葬：九万～一二万年前、骨器：九万年前、ビーズや装飾品：八万三〇〇〇年前。

これに続いて、もっとも古い衣類の起原は七万年前というデータを加えることができる（「講談社学術文庫版へのあとがき」参照）。

これらのデータをそのまま読むと、「アフリカの中期旧石器文化はそれをになった現代人の出現によって始まったが、その始まりは二五万～三〇万年前である」というマクブリーティたちの結論が、あたっているように見える。

しかも、この結論は遺伝学の結論とも一致するのである。

遺伝学から見た現代人の起原

一部の頑迷な形質人類学者が、アフリカだけでなく、いろいろな地域から現代人が生まれたという「多地域起原説」を主張するのに対して、遺伝学者は現生人類のアフリカでの単一起原説を強烈に主張してきた[11]。このために、アフリカ起原説は、ケニアの生活を題材にしたあまりにも有名なカレン・ブリクセンの小説の題名をもじって「アウト・オブ・アフリカ」仮説（Stringer, 一九九四）とか、「ノアの方舟説」とか「エデンの園説」とも渾名《あだな》されてきたが、現代人のアフリカ単一起原が確認された今となっては、遺伝学の方法論としての威力だけが強烈な光を放っている。

現代人の遺伝的研究では、現代型ホモ・サピエンスの祖先は二〇万年前のアフリカのひとりの母親にいたりつくという（「ミトコンドリア・イヴ」仮説、Cann, *et al.*, 一九八七）。

もっとも、ミトコンドリアDNAの突然変異の割合から、人間が分岐した年代を決めてゆく方法は、一〇〇万年に二〜四％という大雑把な基準を使っているので、現代人の起原は一四万二五〇〇年前から二八万五〇〇〇年前のどこかと言ったほうがよいらしい（Stoneking and Cann, 一九八九）。

こうして、遺伝学的研究が一九八〇年代に出した結論が、十数年遅れて遺跡と化石の研究によって実証されている。

また、現代人の遺伝的距離の研究からは、ネグロイドとモンゴロイドの分岐は一五万年前に起こったと推定されている（根井正利、『分子進化遺伝学』、一九九〇）。もっともこの年代は「見かけほど確かではないということを強調する必要がある。これらの数値は大まかな見当をつけるために与えられたものである」と根井さん自身が注をつけているが、一六万年前の現代人骨が発見された今となっては、この分岐年代は相当に説得力を持つものとなっている。

こうして、現代人の出現年代を一五万年前あたりに置くと、遺伝的研究の結果と現代人化石の出現時代と後期旧石器文化要素の出現年代が、ほとんど揃うことになった。

現代人の起原論争

古代型ホモ・サピエンスは、ヨーロッパでは古典的ネアンデルタールへ、アフリカでは現代型ホモ・サピエンスへ発展し、アジアではアフリカ起原と見られる現代型ホモ・サピエンスがホモ・エレクトゥスを駆逐したという意見が、日本では多数派だった。だが、事実は多数決ではない。

一九八〇年代後半から現代人の起原について出版された多くの専門書は、いつもこの問題を扱い、アフリカ起原説と多地域起原説の提唱者の論文をあわせて載せていて、しかも結論はなかった（たとえば、馬場悠男編、一九九三；Nitecki and Nitecki, 一九九四）。

この論争の主役は決まっていた。現代人のアフリカ起原説をとなえるのは人類遺伝学ではキャンたちであり、形態学者ではストリンガーであり、現代人は世界各地でそれぞれ古い人類から進化したという多地域起原説はウォルポフたちで、彼らはその一〇年間変わらぬ論争を行っていた。またアフリカ起原と多地域起原説の折衷を考える研究者も現れて、アフリカ人以外の人種はそれぞれの地域にいた古い人類との二遺伝子雑種説を唱えるもの（Lofts, 一九九五）やユーラシアの西ではアフリカ起原、東では多地域起原の「二地域起原説」を唱えるもの（馬場、一九九三）など、学者の数だけの仮説でわき返っていた。

じつはこの長い論争は、人類学が始まった時から始まっている。多地域起原説は、北京原人の研究者として名高いワイデンライヒに遡る。彼は北京原人とモンゴロイドとの間に共通性があるとして、モンゴロイドは北京原人から生まれたのであり、ヨーロッパのコーカソイドとは起原が違うと主張した（Weidenreich, 一九四三、一九四七）。その当時、人類化石がわずかしかみつかっていなかった時代にも人類の系統についての論争はあり、同じようにごく狭い人類学者の世界はわき返っていたのである。人類学はわずかな証拠から人類の起原について当て推量をすることで悪名が高いが、自分自身の起原に関係するものだから、論争の渦中では熱くなる。しかも、この起原問題は必ずコーカソイドの単独起原説と関係し、彼らの一貫した優越史観を聞かされることになる。

今となっては、まったく時代遅れになってしまった「多地域起原説」を概観しておくことは、人類学の論争ではどれほど真実を追究することが難しいことか、実によく分かる。以下の論点は、今となっては一九世紀の学者たちの主張のように思えるが、二〇世紀末には優勢だった議論なのである。

世界中のいろいろな地域で、現代型ホモ・サピエンスが生まれたとする「多地域起原説」は、アメリカの人類学者ミルフォード・ウォルポフなど幾人かの人類学者グループが主張する（Wolpoff, 一九八九）。彼らはオーストラリアの初期の現代型ホモ・サピエンスとジャワ原人との間の連続性や中国の初期の現代型ホモ・サピエンスと北京原人との間の連続性を特に重視して、ジャワ原人とオーストラリアの先住民とは頭骨の特徴が似ていることを主張している。現生のオーストラリア先住民と南アジア人は、このジャワ原人を起原としているというのである。

このウォルポフらが似ていると主張する頭骨の特徴一二点を、国立科学博物館の馬場悠男は一つ一つ検討している（馬場、一九九三）。ウォルポフの指摘があたっているのは六点、あたっていないのは三点、どちらとも言えないのは三点で、半分はあたっているが、「重要な顔面の特徴はあまり一致しないので、類似度は低いとみなされる」という。

それにしても、ホモ・エレクトゥスと現代人のオーストラリア先住民を比べて、似ているとか似ていないとかというのは、どういう基準なのだろう。その類似点第一は「前頭骨が前後方向に平ら」というものであり、類似点第六は「歯列がでっぱっている」、その第一二点は「歯が時代の古さの割には退化している」というものだが、その基準の論理的骨格が問題である。ある骨と他の骨が似ているか、似ていないかという論争は、この一〇〇年間の人類の起原と系統の論争で繰り返して現れるが、その論理はかならずしも確定していない。同じ骨を見て、ある専門家は似ているといい、他の専門家は似ていないというのは、この問題である。

多地域起原説に賛同する形態学者たちは、古代型ホモ・サピエンス、ネアンデルタール、現代型ホモ・サピエンスの差異を小さく見る傾向がある。反対に、現代型ホモ・サピエンスのアフリカ起原説をとる研究者は、例外なくネアンデルタールと現代型ホモ・サピエンスの形態的な差を深刻に受け止めている。わずか二一世紀の今となっては、どちらが正しかったか、はっきり分かる。多地域起原説に熱心に賛同した人類学者の見解を聞きたいものである。

第十二章　重複する不適形質を逆転する鍵は？

マダガスカル北西部、ナリンダ半島内陸部への遠征の帰り道、清流と言ってよい小川が、泥沼の中にちょっとした淵をつくっている場所にたどりついた。

その小川で水浴びしようと足を速めたところ、草むらの向こうで悲鳴があがった。私たちは夕暮れの道をちょっと引き返し、村の娘たちが水浴びを終えるまで待っていた。

「暗くて分からなかったんですよね」と雑賀さんは言うが、それは娘たちの裸のことではなかった。彼女らが立ち去ったあと、私たちは素裸になってその小川で水浴びした。

「ちくちくしたんですよ。何かな、と思ったら、あたり一面蚊がぶんぶん！」

気がつくと、私たちは蚊の雲に包まれていた。分からなかったと雑賀青年が言ったのは、沼地の蚊の大群だった。

「私はニジェールで三回マラリアになりましたから、マラリアの大家、いや世界的権威と呼ばれてもいいですが、この水浴びの状態を三回続けたら、絶対マラリアになります。保証します」と、雑賀さんは口調を改める。それだけは保証されてもうれしくない。

熱帯の調査につきもののこの種の危険は、最大限の注意を払っても防げない。マラリアになるか、どうか、それは一種の運であるとさえ言える。しかし、毛皮さえあれば、この運を楽なものにできたはずだ。この蚊が飛び回る世界で、毛皮を失うという無謀さは、どう考えても普通ではない。

「ま、そう言われると、マラリアはたいへんですが、鎌状赤血球という黒人に多い赤血球は、マラリア耐性を持っているそうじゃないですか？」

それは血液の機能を犠牲にしてまでマラリアに対抗しているということで、決して適応的な形質ではない。マラリアで死ぬよりはましかもしれないが。

「それに裸の皮膚の弱点をいろいろ言われましたが、その利点もあるのじゃないですか？　そうでないと、人間がここまで繁栄した理由が見えないじゃないですか？」と、雑賀さんの視点はあくまで穏健である。

裸化に利点はない。しかし、裸化した人間が成功した理由は、裸化にある、と矛盾したことを言ってもいい。

のっけから大変なことを言うようだがと、私は焚き火の前の雑賀青年に話しかけた。時は真夏といってもキャンプには焚き火は不可欠で、料理のあとの残り火がちらちらと立ち上がって、夜の森の深い闇をわずかに切り裂いている。

「そうとう慣れてきましたから、百尺の竿の先でも平気ですよ」と、青年は炎に向いていた視線をこちらに向けなおす。何、そんなに警戒するほどのことはない。ただ、裸という不利な形質をおぎなう特別な形質と言ってしまったとたんに、心の中にしまっていた扉が開いたような感じになった。

不利な形質は裸だけではない。

「裸と並ぶ不利な形質って何ですか？」

それは言葉を発する機構です。

「言葉は、立派に適した特性と言うべきじゃないですか？」

言葉そのものはそうかもしれない。言葉は有用である。しかし、言葉を発する機構は、とても適応的な構造ではない。

「どういうことですか？」

それを説明するためには、声を出す機構について、ちょっとだけ解説しなくてはならない。

声を出す機構

どの哺乳類も声帯という共鳴器官をもっているが、それを使って言葉にするのは、簡単な道すじではない。誕生後、言葉とは無縁の泣き声を出していた赤ん坊は、生後三、四ヵ月で初めて人間の言葉の原型となる母音に似た声を出しはじめる。しかし、このためには解剖学上の大きな転換が必要になる。

喉は気管と食道というふたつの管の通り道で、気管の上部に声帯があって、そのすぐ上で食道と気管が合流する。この合流部が喉頭《こうとう》である。この喉頭には喉頭蓋《がい》という蓋があって、食物が気管に誤って入らないようにしている。

ここまでの構造は、チンパンジーも人間も変わらない。喉頭蓋の上、舌の奥にあたる部分、ここが咽頭《いんとう》である。人間とチンパンジーとの違いは、この咽頭の位置にある。鼻と口とは口蓋《こうがい》によって仕切られているが、咽頭（の大部分）は人間では口蓋の下に、チンパンジーでは口蓋の上にある。

チンパンジーでは気管の蓋をしている喉頭蓋が口蓋にかぶさっているので、鼻からの空気は咽頭から直接気管に入り、口からの食物は喉頭蓋の低い位置で、喉頭蓋を回り込んで食道に入る。つまり、チンパンジーでは食物のルートと空気のルートが別に設置されている。このために、チンパンジーは食物を食べながらでも声帯を震わせて出した音を鼻から出すことができるし、食べ物を呑み込む時にも呼吸を止めることはない。

しかし、人間では咽頭で鼻からの空気と口からの食物がいっしょになるので、声を出しながら食物を食べることはできない。

ところが赤ちゃんの喉は、最初はチンパンジータイプであり、生後三ヵ月すぎになって人間タイプへと変化する。これは母音様の声を出し始める時期でもある（正高信男、『0歳児がことばを獲得するとき』、一九九三）。

気管に食物がひっかかる問題がまったくない完成した喉の構造から、食事中は声が出せず、気管に食物がつまる不利な構造へと変わったのは、なぜか？

生きてゆくために有利な構造から明らかに不利な構造への転換は、いったい何を意味しているのだろうか？　ここで私はまた、アルフレッド・ウォレスの言葉を思い出す。「裸は適応的な進化だったはずがない」という、あの言葉を。

重複する不適形質

人間のもっとも大きな特徴に、生存に有利ではない、つまり適応的でない形が現れるのは、これで二度目である。裸と咽喉の拡大と。これを自然淘汰によって説明するのは無理で、突然変異によって現れた形質というほうがすんなりしている[12]。

これらの突然変異が別々に起こったのではなく、同時に起こった点が現代人の誕生には重大だった。ヌードマウスを思い出してほしい。まったく適応的でないヌードの形質は、胸腺がなくなるというもっと不利な欠陥とつながり合っていて、このためにヌードマウスには免疫能力がなかった。これはヌードの形質を支配する常染色体遺伝子が、毛と胸腺の両方に関係する多面発現効果をもっているためだった。

人間の特徴的な咽頭の構造は、赤ん坊の生死にかかわる不利な形質である。これがなぜ、生後三ヵ月という早い時期に発現するのか？　母乳を飲んで母親に依存してしか生きてゆけない赤ん坊に、なぜこの重大な時点で生死を分ける不利な機構が発展するのだろうか？　言葉を発するためなら、この変化は生後一年でもよかったはずだ。

そうならなかったのは、この言葉を発するための構造変化が遺伝的に決定されたからだろう。裸化の突然変異は、マウスでは胸腺の異常と結びつくが、人類の場合には喉の構造と関係したのかもしれない。こうして、人類にとっては生存する上では非常に不利な裸化にさらに加えて不利な咽頭の構造の変化という、二重に不利な突然変異が同時に起こったのだろう。

この人間の生存を危うくする二重の不利な突然変異を、土壇場で逆転したのは言葉だった。まことに「はじめに言葉ありき」（ヨハネによる福音書、冒頭）である。喉の構造が変わっただけでは、言葉は出ない。吸い込んだ息を細かく吐き出して、吐く息に音色と高低と強弱をつけて自在にあやつる肺と口の周辺の筋肉とそれを支配する神経系の発達が必要になる。そのすべてがいっぺんに起こった、と私は考えている。この「重複する偶然」が、「不適者の生存」を実現した、と。

肋間神経（の太さを示す胸椎の椎孔）は、ホモ・エレクトゥスでは現代人よりも明らかに細く、肺のコントロール機能は現代人とは異なっていたことが分かっている。それは、ホモ・エレクトゥスの言語能力を否定する証拠だった（MacLarnon, 一九九三）。

脊椎の孔は肋間神経だけでなく、胸から下を支配するほとんどの神経が通っているところなので、その大きさだけでは肋間神経の能力が証明されたわけではないが、一六〇万年前のナリオコトメの少年（標本番号 KNM-WT 15000）では、頸椎の椎孔も胸椎の椎孔も、大型類人猿と同じかそれ以下である。これを見ると、確かに現代人のような呼吸コントロールによる発声は難しかっただろう。

この証拠は、直立二足歩行が咽喉の拡大と関係し、それが言葉のはじまりを作ったという奈良さんの説を危うくしている（奈良、二〇〇三）。ホモ・エレクトゥスでは咽喉が直立二足歩行で広がったとしても、言葉を使うためには意味がなかったからである。

では、ネアンデルタールは言葉を持っていただろうか？　奈良さんは、ケバラ洞窟から発見されたネアンデルタールの舌骨が現代人のものと似ていることなどいくつかの証拠を挙げて、ネアンデルタールは言葉を持っていたと主張する。言葉の発声機構として、咽頭の構造、舌骨の形とそれを動かす筋肉、舌をコントロールする舌下神経の太さ、発音のための呼吸を調節する肺をコントロールする肋間神経の太さを証拠として提出している。それらは、ネアンデルタールと現代人の間で、変わりはないと。

私は言葉の持つ特別な機能は、どの動物にでも簡単にできたのだとは考えない。言葉を出してみれば分かるが、咽頭が広いだけで、舌が動くだけで、舌骨があるだけで、肺がコントロールできるだけで、言葉は生まれない。口の開き方、連動の仕方、そして文法の作り方まで。それは脳の中での統合作用と深く結びついている。

奈良さんは「ネアンデルタール人類と現代人とで脳の構造が違うという具体的な証拠は、今のところ知られていない」（前掲書、一一四頁）と言い、脳の構造とは別に文化的環境が重要であるとして「現代人のような言語能力の開始を、約四万年前の芸術や宗教などの、抽象的思考の発達と関連づける研究者は多い」（同、一一五頁）と結論する。

ほんのわずか前なら、私はネアンデルタールが言葉を持ったとも、またその脳構造が現代人と同じだとも思わないが、四万年前の文化的革命と言葉を結びつける結論には、諸手を上げて賛成しただろう。

しかし、マクブリーティたちのアフリカの中期旧石器の事実を見ると、もっとずっと古い時代に、その文化の芽が確実に生きていたことが明らかである。それは同じ時代を生きていたネアンデルタールが、知らなかった文化だった。体に色を塗り、刻み目をつけ、魚を捕ることとは、ネアンデルタールには思いもよらなかったことである。それは心の働きが根本的に違うことを示し、片方は野生動物として、他方は文明人として、まったく違った世界に生きている。それは言葉を持つかどうかの違いだ、と私は思う。

ネアンデルタールは言葉を持たなかった

東京大学人類学教室の青木健一教授（現在名誉教授）は、彼が参加したある実験について話してくれたことがある（Ohnuma *et al.*, 一九九七）。

「学生をふたつのグループに分けて、ルヴァロア・テクニックで石器を作らせてみました。いっぽうは話をさせて、片方は話なしに。しかし、その双方のグループで有意な差はなかったのです」

ルヴァロア・テクニックは、ネアンデルタールの中期旧石器文化の石器を作り出す技法で、最初に元になる石を加工しておいて、剥片をたたき出す。それまでのホモ・エレクトゥスのハンドアックスのように、ひとつの石からひとつの石器だけを作り出す方法ではない。だが、この石器を作るためには、技術を習いおぼえなくてはならなかった。

ところが、この技法を習得するのに、言葉はいらなかった。

言葉がなければ、累積的な文化は生まれない。ネアンデルタールが言葉を持ったかどうかについてははっきりしないが、彼らが生きていた全期間、石器を作るのに、言葉がいらなかった可能性が高いということは、ネアンデルタールの精神の何事かを示している。

もちろん、現代人よりも大きな脳容量をもっていたネアンデルタールだから、その頭の働きを軽視することはできない。彼らは私たちが現在考えている以上に、多くの能力を持っていただろう。しかし、その統合能力と集中する意志力の点で、現代人とはまったく違っていたのだと、私は思う。

現代人以前の人類たちは、数十万年から一〇〇万年というその種の生物としての生存期間、そのどこでも同じ石器にとどまり、決して前進的な文化を作り上げてはいない。そのことが、人間と野生動物とを分ける決定的な根拠である。

言葉をもったことで、現代人はネアンデルタールを圧倒する技術開発まで至ることができた。しかし、その世界に広がる道のりは簡単ではなかった。

アフリカの高原から氷河期とともに

今から約二〇万〜三〇万年前に（少なくとも一六万年前よりも前に）、東アフリカの高地で、人類に裸の突然変異種が現れた。

裸の皮膚だけでなくて、彼らの身体には新しい形質があった。それは食べる時には声を出せない不自由な喉の構造であり、大脳の前頭葉の巨大化であり、なにより華奢な体つきだった。

アフリカ高地でしか裸の人間は成立しなかったと、私は考えている。アフリカの低地にはマラリアがある。それは、現代でもひとつの村を全滅させる。だから、低地で裸の人間が生まれても、生き残る確率は非常に少なかったはずだ。しかし、高地ではマラリア蚊は少ない。

二〇万年あるいは三〇万年前の現代人の始まりから、ヨーロッパへの進出までの長い時間について考えると、アフリカ高地からの進出がなんらかの理由で難しかったのだと、考えないわけにはいかない。同じ時期のアフリカに生きていたホモ・エレクトゥスの子孫たちやヨーロッパから近東にいたネアンデルタールたちとの生活圏を巡る争いには、現代人の祖先は耐えることができただろう。だが、マラリア蚊などの昆虫が媒介する熱帯病のために、毛皮のない現代人がアフリカ低地へ、さらにはナイル川の低地帯をたどって中近東へ進出するのは、実質的に不可能だっただろう。

もしも、彼らにとって大きな事件が起こらなかったら、まだしばらくはアフリカ高地だけの、たとえばヒヒ類の分布域のなかに、エチオピア高原だけに分布するゲラダヒヒのように、現代人は孤立したままだったかもしれない。

しかし、七万年前に好機が訪れる。氷河期の到来である。ちょうどこの時に、衣類の起原があるのは、現代人がどこに向かったかを示している（「講談社学術文庫版へのあとがき」参照）。つづく氷河期には、裸の人類はユーラシア大陸の寒帯にまで進出し、オーストラリアに至った。

現代人の生活跡は、最終氷河期の最盛期には永久凍土のもっとも厳しい気候条件だったロシアでも見られるが、ネアンデルタールの生活跡はそこにはまったくない。ネアンデルタールは毛皮をまとった野生動物で、南ヨーロッパ、地中海沿岸分布種だったので、この厳しい氷河期の大陸内部で生き抜くことができなかった。

逆説的だが、現代人は裸だったからこそ、この氷と雪に閉ざされた世界に生き抜くことができたのである。現代人はネアンデルタールと違って、密閉された家を造る能力も、家の中の温度調節をする能力もあったし、衣服を作る能力をもっていた。

しかし、裸の現代人がネアンデルタールと直接対決するまでには、さらに四万年の年月が必要だった。この時になってようやく、現代人は肉体的には自分たちより強力で、知能も劣らないネアンデルタールを圧倒できる技術を開発していたと考えるほうがいい。それが、オーリニャック文化だった。

オーリニャック文化

後期旧石器文化の要素は、アフリカの各地で二〇万年前に遡るほど古い起原をもっているが、そのすべての要素はオーリニャック文化で開花した。この文化はヨーロッパから中近東までの五〇〇〇キロメートルの間、まったく均質な文化として知られているが、その起原がどこなのかは確実ではない。確実なのは、それはヨーロッパの中央で発祥したものではないということで、中近東の遺跡のボーカー・タチチットとカサール・アキルでは四万五〇〇〇年前にこの新しい文化が知られている。

その文化の特徴の第一は、ブレード（石刃）と呼ばれるナイフ型の実に美しい石器が作られはじめたことで、それは硬い石のハンマーではなく木などの軟らかいハンマーで石器が繊細な注意をもって形作られたことを示している。

第二に獣の骨、角、歯に穴を開けたり、刻みを入れたり、研いで鋭い先端を作ったりするようになった。

第三に骨歯角や石を材料に彫刻を作り、線を刻んで美術品を作り上げたことである。ドイツのホーレンシュタイン・シュターデル洞窟からは、獅子の頭の人間を彫りあげた象牙さえ発掘されている。

第四に、海産の貝類を海岸から数百キロメートルも内陸に運び込むほどの交易が始まっている。南ロシアのコステンキでは貝の産地の海岸から遺跡までの距離は、五〇〇キロメートルにも達する。

第五には、埋葬の確実な始まり。

第六は、オーストラリアに渡るには、一〇〇キロメートルもの遠洋航海が必要になるが、これはすでに五万年前には達成されていた[13]。

第七は小屋あるいはテントとしっかりした構造の炉の始まりである。密閉した空間があって初めて、炉は温度調節の意味をもつ。家の構造を造るためには、紐を結ぶとか、柱を埋めるとか、丸太を組み合わせるとか、皮か草か木の葉か石で壁を造るとか、という総合的な技術が必要になる。その総合技術がここで初めて現れている。

しかし、巨大前頭葉は……

オーリニャック文化の時代以来、人類の生活は明らかに変わってしまう。それは文明人としての生活であり、野生動物としての生活ではない。野生動物は、その体に蓄えられた遺伝情報の中で生活をする。野生動物は、その種が生きている生物世界での位置（ニッチ）を超えることはない。その種が誕生した生物世界の構造が、その種が生きてゆける世界なので、その種がいることで他の種の生存が脅かされるほどの影響を、他の種に与えることはない。しかし、現生の人間はこの生態系の枠組みを完全に壊す。

文明人は採集していた貝類のサイズを変え、狩猟対象の大型哺乳類の種を絶滅させる。ヨーロッパ、アジア、北アメリカにいたマンモスたちが絶滅するのは、この時代からである。

彼らは裸を維持する文化、家と焚き火なしには生きてゆけない集団だったから、それを守る特別な社会構造をつくり、この文化を維持しつづける方策をとった。その社会は、この文化維持のための厳格な組織をもっているという点で、それまでの人類のグループとは根本的に異なっていた。みずからを文化の家畜と化した証拠として、野生種のネアンデルタールよりも脳容量は小さくなったのかもしれない。

このネアンデルタールを圧倒した後期旧石器革命は、後に幾度かの波をもって人類史を彩る技術革命の最初のものだと言える。それは、大脳の前頭葉の巨大化の産物だっただろう。だが、問題はここにある。

人間の巨大化した前頭葉は、同じ大きさの脳を持っているネアンデルタールとの大きな違いで、ここから人間特有の能力が生み出され、人間の圧倒的能力の源泉だとして、これまで積極的に評価されてきた。しかし、野生動物の生存という視点からは、その巨大化にはあやしい問題が含まれていると、私は思う。

死後への恐怖という想像上の恐怖に打ちひしがれるようになったのは、人間が生まれたときに始まったのだろう。死者の埋葬は、それを示している。だが、それは野生動物にとっては、もっともありえない観念である。

この将来への恐怖こそが、資源の浪費につながっていると、私は思う。南アフリカ海岸の遺跡に堆積されたカサガイのサイズを測ると、中期旧石器時代には成長した貝殻がほとんどなのに、三万年前の後期旧石器時代には未成熟のサイズが小さい貝殻ばかりになっていた。つまり、彼らは成長してしまう前の貝を採集していた。あきらかに過剰利用である（Klein, 一九九九）。

この貝殻サイズの変化は、現代人が本質的に過剰消費型であることを示す。なぜか？　我らは不測に備えるからである。想像される将来に備えるからである。我らはそこにあるものだけでは、けっして満足できない。

食物がなくなる季節には、どうするか？　子どもたちが増えたら、どうするか？　動けなくなったら、どうするか？

将来への不安、想像上の不安が、いつも心に突き刺さっている。それが必要以上の採集、生態系が供給する以上の食物を探しまわり、蓄積する衝動につながっている。生態系の全体を見通した適正な消費に抑えることができず、わずかな利益に狂奔するのも、人間にとって抑えられない衝動である。

食物だけではない。

死後への恐怖というありえない幻影におびえ、想像上の敵を作り出して憎悪を強めるのは、人間精神の不合理である。

この大脳前頭葉の紡ぎだす無数の恐怖幻想は、生命としては適したものとは言えない。統合失調症、つまり人間の精神の分裂は、人間の心の本性である。それは、この巨大化した大脳前頭葉が、いつも生命の維持とは反する問題をひき起こすということでもある。

人間の体と頭の特徴が、完全なものではないという見方にとどまらず、はっきりした欠陥があるという考え方ができれば、現代人という裸の人類が抱える根本的な問題についてもっと客観的な見方ができる。

私は、自然科学にまだ夢を抱いている。事実を積み上げる根気のいる作業の果てに、「自分自身とは何か？」というもっとも根本的な問いに、いつかは答えることができるはずだと。そして、それがどんなに苦い答えであろうと、受け入れることが必要なのだと。

おわりに――アンタナナリヴ、二〇〇三年夏

神に似せてつくられた人間という宗教的な観念を「進化論」が打ち破ったとしたなら、「自然淘汰」による「最適者」として生存している「完全な人間」という虚像を、「重複する偶然」による「不適者の生存仮説」が壊し始めている。

この仮説は、一切の生命現象を説明するなどという大それたことは宣言しない。ただ、人間の裸は適応的形質でもなんでもないこと、その不利益を補う偶然が重なったために、結果として人間は例外的な成功を収めることになったこと、しかし、それは生態系の破壊につながる問題をそもそもから孕んでいたこと、を示すだけである。

人の心に巣くう底深い恐怖を、どんな宗教も克服できなかった。自然科学もまた、それを克服することはできない。しかし、自然科学だけが、人間精神の不合理と幻想の恐怖と、資源の無限の浪費と敵対心の増強の結末を示すことができる。

それぞれのサルの種は、それ固有の文化を持つ。あるものは出産のための巣を作り、あるものは夜寝るための寝床を作る。しかし、それはその種が続いている間、ま

ろ

ったく同じ手順で同じように繰り返される文化に過ぎない。それが生存に必要であろうと、遊びであろうと、その種の生存期間中、一〇〇万年を単位とする年月の間、固定された性格はまったく変わらない。

石器に刻まれた文化を私たちが点検するとき、現生の人間以前の人類では、この野生動物の文化という性格は疑いようもない。ホモ・エレクトゥスの二〇〇万年に近い生存期間中にも石器はその姿を変えることがなかったし、ネアンデルタールの五〇万年の生存期間中もまったく同じである。ただ、現代人だけが、当初の一〇万年間の停滞、次の五万年間でのいくつかの文化的発展のあと、新しい文化が陸続と続き、さらに加速してきた。

だが、人間の種としての感性は遺伝的に決まっているので、ラスコーの洞窟壁画を現代美術と並べて鑑賞することができる。文化がそれをとぎすますことはあっても、人類の感性にまったく新しい何かを付け加えることはない。

だが、言葉は違う。それは事実を心の中に生み出し、現実にする。それが文字となるとき、言葉は現実になる。それは無限の時を超えて生きるもうひとつの生命となる。

しかし、言葉ほど不完全なものはない。それはうつろう影に過ぎない。言葉は、果てしない変化、変貌、変容、メタモルフォーゼ、分岐、異化、差別化、生々流転、消滅、そして創生の運命をたどる。それは数十億年の時に耐えてきたタンパク質による遺伝的暗号に比べると、非常にもろく、崩れやすい儚い夢、幻である。

こうして、私たちの文化はいつも両面を持つ。脆弱な影の側面と累進的な力を生み出す強力な現実の側面と。それはまた、巨大化した前頭葉の両面でもある。

動物の種の生命は短くても五〇万年、長ければ一〇〇万年を超える。現代人の生き物の種としての生命は、まだ半ばに達していない。はたして、私たちはこのまま生物種としての生命を全うできるのだろうか？　あるいは、言葉から文字、コンピューター言語、そして今からでは予想もつかないまったく新しい言語文化を築き上げ、さらに想像を絶した文化を発展させてゆくのだろうか？

この現代の危機を乗り越えさえすれば、世界を核と汚染物質のゴミ捨て場にしてしまう危機を乗り切れれば、現実の人間集団を想像上の究極の敵、悪魔と見なして、爆弾と汚染物質を撒き散らす絶望的にさえ見える現在の危機を乗り越える能力を持つことができれば、あるいは人間の未来はバラ色に輝いているのかもしれない。

見えない未来を気に病むことはない。しかし、今ある問題を、根本に関わる問題と枝葉の問題とを区別して、その広がりと深さを確実に理解するためには、自然科学がどうしても必要である。

午睡の夢、文明の未来

ときどき私は空想する。もしも、私たちが毛皮を着ていたら、この文明はどうなっていただろうか、と。

生涯にわたって決して摩耗することのない衣類であり、雨や風雪から身を守ることができる家でもある毛皮をまとっていたら、私たちはどういう人生観を抱くだろうか?

マダガスカルの林の中を歩く時、生まれたばかりの孫を膝に抱いて眠らせている時、私は自分自身を吹き渡る風の中で毛先をそよがせている一頭の大型のサルだと、想像することがある。自分がこの生態系の一員として過不足のない食物に恵まれていたら、どんな世界観を抱くだろうか、と。

ぼうぼうと青空を霞ませて霧のたつ朝、みごとに渡された森の回廊をゆっくりと歩く。幾条もの流れとなって差しこむ朝の光の中で、葉末の露は一瞬のうちに真紅に碧緑に、ダイアモンドのきらめきを放ち、輝く。透明な緑の葉の先端からしたたる水晶の銀線を、目覚めの気付けに一口呑む。

毛玉の先の結露が光の中で黄金の装いに変わる時、ひとつ身震いして細かな飛沫を宙に飛ばせて虹を描く。頭をひと振りして、しぶきの雲をもうひとつつくる。それだけで朝の身繕いは終わる。

食堂に至る巨大な天蓋をつけた柱と、がっしりした太枝の床の足触りは完璧である。エメラルドで縁取られた早朝の食卓には、新鮮な果実とみずみずしい木の葉が並び、ただその精華だけをほしいままにつまみ取る。

数層もの階を登って蔓の間に至り、高原に蛇行する川と広々とした湿原の先に聳えたつ巨岩の城を見晴らす。幾世代もの間使われてなお古びない、樹上にしつらえた銀の椅子に身を落ちつけ、あたりに漂う花の匂いをかぐ。

無数のランと大きなタビビトノキの花が咲いている。忙しく飛び交うミツバチたちのあとを訪ねて、午後からはハチミツを探しにゆこう。樹間を渡る風にまとわれながらのひとときの午睡は、この人生に似て甘美であろう。

しかし、そのまどろみは永久に訪れなかった。木々の下枝を、稲妻のように鋭く輝く長い爪で叩き切りながら、騒々しく声をあげる二本足の集団が現れた。その動物たちは大木の根方に腰を下ろし、指先から火花を飛ばすと、見る間に炎をつくりだした。

完璧に清浄な大気に混じる森の焼ける臭いは、数年も前から感じていたが、その正体がついに明らかになった。その二本足の動物たちが立ち去った後にも煙は消えず、夜になって森は炎に包まれた。

これは作り話ではない。それはかつてあり、今なお続く事実である。

私は夢想する。人間たちが現れなければ、マダガスカルの森のなかでサルたちは、六〇〇〇万年のまどろみを今も続けていただろうと。しかし、世界を破壊しつくす人間が、最後に現れるこの小さな物語は、人々を糾弾するためではない。人もまた、自分の破壊的な力に苦しんでいる。「自分たちはむろん完全ではないさ」という負け惜しみの了解ではなく、裸の皮膚といい、その巨大な頭といい、生命としては欠陥のある生き物だと、ほんの少しだけ理解すれば、いくらかは世界が変わるはずだという提案である。果てのない貪欲と完璧な悪と善とを考えつく能力もまた、その欠陥のひとつだと理解するだけで、いくらか世界が楽になるのではないだろうか、と。

講談社学術文庫版へのあとがき

仮説提唱者は自らの仮説に溺れるものだ。仮説への惑溺は、自らの心にデフォルト・モードと常同性をつくりだす。

それを避けるためには、パブロフのように毎朝、昨日考えついた仮説を自ら反論する習慣を身につけなくてはならない。しかし、それには莫大な知的エネルギーがいる。かつて獄窓の日々に一日一講と決めて、パブロフが一九二四年から始めた講義をとりまとめた『大脳半球の働きについて――条件反射学』（川村浩訳、一九七五）を読んできたが、今読み直しても彼の偉大な思考力には驚くほかはない。

彼は言う。「どの一つの現象をとりあげてもその存在の全条件を確実につかんでいるものはほとんどないと言ってよい。（中略）このような事態ではとくにはっきりと通常の思考の弱さ――常同性と先入観による偏見とが表面に出てくるのも理解できる。思考はいわば関係の多様さに追いつくことができない」（同上、下巻一八六頁、傍線は引用者）

パブロフほどの強力な思考力を持っていない者としては、現象を構成する関係の多様さに追いつくことができないという理由で仮説を提唱した可能性もあるので、自分の仮説の欠陥を自ら明らかにすることで、ただ仮説に溺れているだけではないことを示しておきたい。

そのひとつは、一トンをこえる巨大動物の子どもの問題である。確かにアフリカゾウについてはちょうどよいタイミングで雨に遭ったゾウの群れを見ることができたので、赤ん坊のゾウの守り方が分かった。

しかし、サイではどうなのか、それは未だに分からない。

同じことはカバについても言える。コビトカバは大型のカバの祖先種なので、カバ類は一トン未満の祖先種が開発した環境管理方法、つまり水中での湿度と温度管理を継続しているのだと言えないことはない。しかし、同じ分類群で複数の種の裸体化が起こることはありえない、とした私の仮説を覆す事実である可能性は残っている。

哺乳類の中で完全な水中生活者は、ことごとく裸体であるという私の主張はラッコによって否定されているのかもしれない。ラッコはたしかに陸上でも生活するのだが、水中で一生を過ごす能力を持っていると考えられている。その生存は、哺乳類の中で最も密度の高い一平方センチメートルあたり一〇万本の下毛で保たれる空気層によって支えられている。その空気層の維持の秘密が見えたのは、ラッコの野外観察のときだった。四七頭のラッコが眠る入江を訪れ、野生のラッコの日常を目の当たりにしたので、彼らが切りもなく繰りかえす回転運動の意味が分かった。あのラッコ特有の回転運動は、下毛の空気を供給しているのだ。たとえ彼らが陸上生活をするとしても、彼らは裸化によるのではなく、毛の密度を極限まであげることで水中生活を実現した例である。これは、生命体がひとつの環境へ多様な適応方法を試し続けている好例であり、「思考はいわば関係の多様さに追いつくことができない」ことを実例で示してくれている。

海中起原論者への反論は、ときに極端にきついものになった。これは否定しがたい私の欠陥である。この説への支持者がこれほど根強いということは、それだけ人間の裸の問題が不可解であることを示している。ただ、アクア仮説と言葉を換えて裸化を説明する仮説提唱者たちが、そろいもそろってその時期を明確にしないことは、この説が根拠をもたない理由のひとつである。また、水辺、水中への適応は毛皮があってもできるのが通常であり、その生活の重要な部分を水中、水辺で過ごす毛のある哺乳類はどの分類群を見ても数が多い（拙著『ヒト――異端のサルの1億年』、二〇一六、一九六頁、「表2　毛を持つ水中生活哺乳類」参照）。単孔目のカモノハシの水中生活は有名であり、アフリカトガリネズミ目にはマダガスカルにミズテンレックという水中生活者がいる。齧歯目ではその例に事欠かない。カピバラは中でも有名な水中生活者で、南米パンタナルの湿原では水中でホテイアオイの葉や茎をむさぼり、陸上で昼寝していても危険が迫れば水中に逃げる。ウサギ目にも偶蹄類（鯨偶蹄目）にも水辺、湿地を好んで選ぶ種があり、食肉目にはラッコ、カワウソを代表格として、齧歯目以上に水中生活者の例が多い。さらに地中生活者のモグラ類を含む真無盲腸目（旧食虫目）にも、カワネズミのような水中生活者が数種いる。

水辺や水中生活が裸化の要因であるという進化論者へは、これらの水中生活者が余すところなく反証している。

これは、水中起原論者がダーウィン流儀の適応進化論の呪縛からのがれられないためで、最適者の生存というダーウィン進化論の破綻に無自覚で、「通常の思考の弱さ――常同性と先入観による偏見」を示していることがよく分かる。

しかし、もともと本書がダーウィン批判になるとはまったく思っていなかったことは、再度明らかにしておきたい。「大物を狙えば大向こうに受けるだろう」と思って本書を計画したわけではなかった。むしろ、人類の裸化という解けない問題に正面からぶつかった時、ダーウィンに『人類の起原』という本があり、そこで裸の問題を扱っていると知った時には、「これで解決の手がかりが得られる」と思っていたほどだった。

権威という表装を剝ぎとってしまえば、相手がダーウィンであれ、誰であれ、一対一の勝負であり、どれほど多数の関係する事実を集積するか、その上でどれほど真剣に考えるかが、カギとなる。相手がダーウィンであれ、東大総長であれ、その勝負の土俵では関係がない。もっとも、これは権威を恐れないというより、権威者が嫌いという私の性癖があることは、否定しようがないが。

人類の裸化の年代特定については、一二〇万年前という新しい説が登場しているので、それを紹介しておきたい。

昨年（二〇一七年）一一月、マダガスカルから帰国して報告書作成や写真映像の整理に追われていたとき、一冊の新書（山極寿一・尾本恵市、『日本の人類学』）が贈られてきた。著者は旧知の二人、日本における人類学界、霊長類学界の大家たちである。

読み始めて衝撃の一節に出会った。

山極　（前略）人間が裸になったのは一二〇万年ほど前という説があります。陰毛に住み着くケジラミと頭髪に住み着くアタマジラミでは種が異なり、彼らはいずれも毛がないところを渡っていけない。毛があるところが二つに分かれた時、人間は裸になった。DNAをたどっていくと、それは約一二〇万年前に起きたというデータが出てきた。（傍線は引用者）

尾本　ライプツィヒの進化人類学研究所のマーク・ストーンキングたちの研究ですね。あれは面白い。（中略）

おっしゃったように、アタマジラミとケジラミは属も違うぐらいの別種ですが、アタマジラミとコロモジラミはよく似ている。コロモジラミは、人類が体毛を失い、衣服を着るようになってアタマジラミから進化したと推定されています。ストーンキングは世界中からシラミの試料を集め、核ゲノムの塩基配列を決定しました。それでコロモジラミの起源はおよそ七万年前、衣服の起源は約六万年前と推定しました。でも今言われたように、ヒトの身体が体毛で覆われ、陰部も頭髪も全部つながっていた時期もあったはずです。（中略）

山極　ゴリラもチンパンジーもシラミがいますけど、一種類しかない。（『日本の人類学』、一九三―一九四頁）

この一節は衝撃だった。多くの人にとっては、裸になったのが七万年前でも、一〇万年前でも、一二〇万年前でもどうでもいいことだろう。しかし、私にとっては極めて重要な問題で、現代人だけが裸のサルなのだということを、『はだかの起原』で私なりに論証したつもりだった。

その夜はほとんど眠れなかった。私の人類学は根本から間違っていたかもしれない、その考えが頭の中を駆けめぐった。

「類人猿には一種のシラミしかないが、人類だけに二種なのは、頭髪と恥毛以外は裸になったからで、その二種が分岐した年代は一二〇万年前」という「情報」を私は知らなかったからである。京大総長にして日本霊長類学界の権威がそのように語るには、当然裏づけがあるはずで、それを知らなかったという衝撃があった。

私の結論は、人類史が生物史の一環としてあり、人類史の最後に立っているヒトを生物学上の特異種として認識しなければならない、ということだった。ヒトの理解のためには、まず裸であるという異常を理解しなくてはならないのだと。

この「人間は生物としては異常である」という人間への根本認識こそは、私の人類学の根幹であり、戦争も子殺しも麻薬も組織犯罪も、この根本認識なしには現代人を理解できないというのが、私の現代人観だった。

しかし、山極説が正しければ、ヒトを理解する手立ては類人猿の研究にしかない、ということになる。裸化は一二〇万年前、ホモ・エレクトゥスの時代の中期に起こったことであり、裸の形質は、その後のホモ・エレクトゥスにもネアンデルタールにも引き継がれた形質にすぎないことになる。

裸化の時期を決定するために、私は哺乳類全体の裸化の現象を調べ、そこに一定の法則性があることを示した。ここで展開した議論は、私の方法論そのもので、それがこれほど簡単にひっくり返るとしたら、私の方法論そのものが間違いだったことになる。

私の方法論とは、博物学的手法＝網羅的手法で、多様な現実をひとつの項目に絞ってひたすら集め続けることにすぎない。この方法そのものには何も特別なことはなく、ただ研究する側の忍耐力と、学と事実への誠実さだけが基盤となる。わが師高杉欣一さん（東京大学農学部演習林付属研究部生涯助手）は、それを「事実の外枠を確定する」と言った。

生物学の根幹をなす方法は「この事実は、まちがいなくここからここまでの範囲の中にある」ということを確定する作業であり、それは事実を集積するためにひたすら汗をかくという単純労働でもある。

しかし、それをやったうえで出した私の結論がこれほど簡単に破られるとしたら、私が学界の外の門外漢で他の研究者と議論もできない（したくない）という私人なので、最新の学問成果にタッチできず、結果として妄想の世界を自ら紡ぎ出してよしとする変人にしか過ぎなかったということになる。

一晩眠れずに考えぬいたあげくの私の苦しい決意は、第一、仮説提唱者のねばりで、事実を言いくるめてこちらの仮説の中に「一二〇万年説」をとりこむ、第二、山極説の矛盾を指摘して、事実の裂け目を見つける、第三、とにかく最新論文を入手して、そこから血路を切り拓く、というものだった。

しかし、一晩考えぬいている間に、「これは変だなあ」という思いも広がった。一二〇万年前という年代が、そもそも変だ。『ヒト——異端のサルの1億年』では、巻頭の図2に「ホモ属人類200万年史」を置いた。これを参考にすれば、一二〇万年前は、アフリカではアウストラロピテクス属の二種とホモ・エレクトゥス、中近東・西アジアではホモ・エルガスター、カフカス・ヨーロッパではデニソヴァ人とホモ・アンテセッサー、アジアではホモ・エレクトゥスの年代である。ここで、どの種に裸化が起こったのか？

ホモ・エレクトゥスが一八〇万年前の誕生の時からではなく、その生存の途中の一二〇万年前で裸化したというなら、それはなぜか？

こんなことがどうして起こり得るのか？　まずは、シラミについて調べてみよう。

類人猿に寄生する二つのシラミ属、ヒトジラミ属 *Pediculus* とゴリラジラミ属 *Pthirus* は、一三〇〇万年前のゴリラ、チンパンジー、人類の共通祖先の時代に分岐し、六〇〇万年前にヒト・チンパンジー共通のヒトジラミ属がヒトジラミ *Pediculus humanus* とチンパンジージラミ *Pediculus schaeffi* の二種に分岐した（Light and Reed, 二〇〇九）。

ここまでは、類人猿の分岐に対応したシラミ類二属の分岐として実にすっきりしている。しかし、ゴリラジラミ属が三〇〇万～四〇〇万年前にゴリラジラミ *Pthirus gorillae* とケジラミ *Pthirus pubis* 二つに分岐する。ライトとリードは、当時のゴリラが人類（アウストラロピテクス・アファレンシス？）と接触して（生息地がいっしょだったか、捕食だったかで）、人類にゴリラジラミ属が寄生するようになったとする。

人類学にはこれほど面白い事実がかくされている。夢想家か小説家なら、ここからゴリラと初期人類との間に無数のエピソードを描きだすだろう。それはともかくとして、「ゴリラもチンパンジーもシラミはいますけど一種類しかない」という山極説には、説得力があるが、それは事実の片面だけしか語っていない。

たしかにチンパンジーにもゴリラにもシラミは一種だが、その種名はチンパンジーが *Pediculus schaeffi* であり、ゴリラは *Pthirus gorillae* である（Light and Reed, 二〇〇九、Table 1）。つまり、チンパンジージラミはヒトのカラダシラミと同じ属であり、ゴリラジラミはヒトの陰毛ケジラミと同じ属である。

山極説を整理してみると以下のようになる。

一：ヒトの陰毛に棲み着くケジラミと頭髪に棲み着くアタマジラミでは種が異なり、

二：彼らはいずれも毛のないところを渡っていけない。

三：毛があるところが二つに分かれた時、人間は裸になった。

しかし、「いずれも毛のないところを渡っていけない」という事実はない。コロモジラミというヒトジラミの亜種が、体外の着物の中で生息していることを考えれば、「毛のないところでもシラミは移動する」と考えるのが論理上の当然で、「ケジラミは体中の体毛に寄生する」ことは常識の範囲である。

山極論には事実をつなぐ根拠がないが、それをつないだ結果、「毛があるところが二つに分かれたことを二種のシラミが証明した時こそ、人類が裸になった時代である」という驚くような結論になったのである。

しかし、人間の二種のシラミの片方が分岐した年代は三〇〇万～四〇〇万年前である。そのどこに一二〇万年前という「データがある」のか？

これに対して「それでコロモジラミの起源はおよそ七万年前、衣服の起源は約六万年前と推定しました」とキットラーらの論文（Kittler, Kayse and Stoneking, 二〇〇三）を紹介する尾本氏は、山極論をそれとなく改善しようとするのだが、一二〇万年前と七万年前では両者の隔たりはあまりにも歴然としている。

さらに、コロモジラミの起原についても新しい知見がある。

キットラーらは翌年に「訂正」（Erratum）を発表し、ヒトジラミのカラダシラミ亜種の分岐年代を一〇万七〇〇〇年前に訂正している。最近、ツープとリードらのグループは（Toups, Kitchen, Light and Reed, 二〇一〇）ヒトのカラダシラミ（＝コロモジラミとしている）の分岐年代を八万三〇〇〇年前から一七万年前と（かなり年代に幅のある）推定をおこなっている。

キットラーらの最初の研究結果では、コロモジラミの起原は七万年前±四万年という誤差範囲がつけられているので、一〇万七〇〇〇年前というキットラーらの訂正した推定に誤差範囲の幅を考えれば、もっとも古い年代はツープらが推定した一七万年前に近くなる。もっとも、こういうふうにずるずると年代が変わるようでは、コロモジラミの出現年代については、まだ変更があるのだろう。

しかし、問題となるのはここからで、山極説の一二〇万年前という「データ」なるものは、ツープらの論文（前掲論文）に事実でもあるかのように図に組みこまれたロジャーズら（Rogers, *et al.*, 二〇〇四）の推定にほかならない。しかも、このロジャーズらの論文は他の論文（Harding, *et al.*, 二〇〇〇）のデータを読みかえて、数式を試しに作ってみたという程度のもので、決して「データ」ではない。数式は前提条件を変えさえすれば、いくらでも事実に接近できる道具だが、人類学はその前提条件を確定しようとする格闘である。そこを数式でくぐりぬけようとするロジャーズらの研究姿勢と論文の信憑性が問題となる。

二〇一七年末から二〇一八年始にかけて、数人の友人とともにこのロジャーズらの論文の数式の信憑性についての議論ができたのは、得難い経験だった。この貴重な議論をへて、一二〇万年前に裸化が始まったというロジャーズらの数値にはまったく意味がないと私は結論した。多数種のホモ属が世界中に生存している時代に、場所も種も特定せず人類が裸化したと語るのは、人類学の蓄積した事実を無視するものだ。

こうして裸化一二〇万年前説は、その根拠とするシラミの系統分類学上も人類学的な事実からも否定された。

本書では、ストーンキングとキャンによる遺伝学の結論と、アフリカの中期旧石器文化の記録を調べたマクブリーティとブルックスの現代人の起原を二五万〜三〇万年前とした結論が整合しているとしたが、それが二〇一七年に発表された北アフリカの遺跡の事実によって証明されたことを付け加えておこう。

ドイツのマックスプランク進化人類学研究所のユブランらによって、モロッコで発掘された人類化石が現代人であることが明らかになり、ヒトの起原は三一万五〇〇〇年前（±三万四〇〇〇年）に遡ることになった（Hublin, *et al.*, 二〇一七）。このモロッコの遺跡の事実は、考古学と遺伝学の精鋭たちの現代人の起原年代についての推定が正確であったことを示している。

本書の発想の原点は、一九八二年の房総半島の台風の日に始まり、構想の原型は一九九二年から三年間のマダガスカル生活の間に固まった。書き始めたのは一九九五年からで、最初の原稿は一九九九年六月の月刊『ソトコト』創刊号に掲載され、以来延々四年半連載されたが、その間にマダガスカルでふたたび三年間暮らしていたので、時代遅れになった部分が増えてしまった。

現代人の化石の発掘、遺伝学的研究、遺跡の年代測定法の改善などはめざましく、つぎつぎに新しい知見があった。そこで、二〇〇三年初めに雑誌での連載が終わったのを機会に、新しいデータを取り入れて、全面的に書き直したのが二〇〇四年に刊行した木楽舎発行の本書の原型である。この刊行から本年までの一四年間にはまた新しい知見が積み上げられたが、本書の基本構想には変更を加える必要がなかったので、それらの知見を部分的に書き加えることにした。しかし、コロモジラミと裸の起原年代にはまったく新しい問題が起こったので、この「あとがき」で詳しく説明しなおしたことは、上記のとおりである。

この長い間に、私の人生もいろいろ変化したが、構想のとりまとめにも激動があった。振り返れば、実に屈曲のある論理の大河に棹さしてきた、という感がある。最初の屈曲点は、直立二足歩行といっしょに起こったとばかり思っていた裸化が、そうではないと分かったときだった。これは、川の分岐点に出合ったようなものだった。次の屈曲点は、アフリカの遺跡の発掘結果のまとめが刊行されて、現代に生きる人間独自の文化だと思われていたものの起原が、二五万～三〇万年前に遡ってしまったことだった。

そして、最後の屈曲点は、ダーウィンやネオ・ダーウィニストの自然淘汰理論との訣別だった。さらに、この「あとがき」の「裸化一二〇万年前説」への反論は、日本の人類学界と霊長類学界への最終的な訣別となった。残ったのは、小生意気な大学院生だった私のレポートに丁寧に目を通して、返事を書いてくださった人類学教室の大先輩山口敏さんの言葉である。「学界の狭い競泳プールはともあれ、世界の人類学の大海で泳ぐ喜びというものがある」と。

この本の元になる原稿を雑誌月刊『ソトコト』の創刊号から取り上げてくれて、本書の原型を木楽舎から刊行してくださった小黒一三編集長には、特に感謝したい。偶然アフリカで知りあって以来、実にいろいろな局面でお世話になり、今もご迷惑をかけつづけていることには感謝の言葉も見当たらない。

妻節子には、この本に没頭して、再び三たび四たび、生計をまったく顧みなかったことを謝りたい。しかもその間に、まったくのボランティアでのマダガスカルの自然保護区設立にも小黒さんほか多くの友人ともども巻きこんでしまった。論理の大河の激流もあるが、人生の激流もある。「今後ともいろいろあるでしょうが、どうかよろしくお願いします」と。

マダガスカルの旅の間、私の話し相手になってたいへん迷惑された方は多い。なかでも、日本大使館の調査員から国際協力事業団の専門家と連続してマダガスカルで活躍された酒井雅義さん、テレビ番組の取材で来訪されたTBSの熊谷直哉さん、大豊建設の原田新二さん、住友商事の小村博さんには、延々たる話にうんざりされたことだろうと、お詫び申し上げる。しかし、ほんとうにうんざりしたのは、突発的にアイデアをしゃべりまくる私に、いちおうは対応しなくてはならないチンバザザ動植物公園のジルベール・ラクトアリソアさん（元園長）と長い間私の運転手兼助手を務めたラマシ・ジュール・カロリーヌ・クサビエールさんだったかもしれない。皆さんのご協力と寛容の精神に、心から感謝いたします。

二〇〇四年に刊行されたこの本を極端なまでに評価して、面識のない講談社に「学術文庫として適当である」と持ちこんでくれた得丸久文さんにも、こうして刊行に至ったことを報告してお礼の言葉にかえたい。この多才な本性からの自由人の才能の一端は、二〇一七年に刊行した『道元を読み解く』（冨山房インターナショナル）によって開花した。高校時代以来、幾度も理解しようとして挑戦した『正法眼蔵』がわずかながら読めるようになったのは、得丸さんのおかげである。

最後に、本書の内容を理解してくださって、実に丁寧に本書の刊行を実現してくださった講談社学芸クリエイトの林辺光慶さんに心からお礼を申し上げたい。

知の冒険を志す若者たちには（年齢に関係なく）、私が高校時代に出会った道元による『普勧坐禅儀』の次の言葉を贈りたい。

「直指《じきし》端的の道《どう》に精進し、絶学無為の人を尊貴し、仏仏の菩提に合沓《がっとう》し、祖祖の三昧《ざんまい》を嫡嗣《てきし》せよ。」

注

(1) 本書の原本執筆当時。その後二〇一二年にマウンテンゴリラを観察した。(島、二〇一六参照)
(2) 池田・伊谷の訳文では「もっと寒い地方にすむアザラシやカワウソの毛皮と同じ役割を果たす厚い脂肪層によって保護されている」とあるが、アザラシやカワウソがクジラやイルカに比べて「もっと寒い地方にすむ種」ということはないので、前記のように原文に従って訳しなおしておいた。
(3) トール・ハイエルダール(一九一四—二〇〇二)はノルウェーの人類学者。ポリネシアにペルーから人が渡ったと、自ら漂流して実証しようとした『コンチキ号漂流記』は有名である。しかし、中年になって読み返すと、白人至上主義の宣伝者だったと、私は思う。その冒険の価値は変わらないにしても。
(4) ヴィラフランカは、この地層が露出しているイタリアの町の名前。この動物群が東アフリカのオルドヴァイで発掘され、その年代が更新世の開始期となった。
(5) 私は二七〇万年前を境にして、頑丈タイプと華奢タイプの二種の人類が共存すること、その頃最初の石器が見られるようになること、さらにヒト属と確認される脳容量のやや大きな種が同じ年代で出現する(数十万年遅れてはいるが、この頃の化石の出土条件から考えると、もっと古い化石が出る可能性もある)ことから、ケニアントロプス属がヒト属に先行するとは考えにくいと思っている。石器には頼らずに巨大化した歯で効率よく骨をすり潰すタイプのパラントロプス属と石器によって骨食を効率化するタイプのヒト属に分かれたのだと考えるほうが、事実を整理しやすい。
(6) この最初の情報は、ニューヨークの坂本龍一さんから届けられた。彼はわざわざカレント・バイオロジーのサイトを開いて、その論文のまとめを私にコピーして送ってくれた。こちらが欲しい情報をあらかじめ教えてくれる人を持つことがどれほど心強いことか。それにしても、坂本さんの情報収集能力と関心の広さには、毎度のことながら感嘆する以外にない。

(7) レバント地方は現在のレバノンを中心とする地中海東海岸地域を呼ぶ（イスラエル、シリアを含んでいる）。中近東という呼び方よりもずっと狭い地域を指していて、古来、アフリカ、ヨーロッパ、アジアの三つの大陸の交差点となってきた場所である。人類学ではこの地域にネアンデルタールとホモ・サピエンスの重要な遺跡が集中しているために、レバント地方を特に名指しでとりあげる。

(8) これは一九九九年に出版した「ヒューマン・キャリアー」の第二版で、それは八一〇頁におよぶ膨大なもので、その文献リストも二五三七項目一四七頁にもなる。私はこの本を教科書のように読んできた。個人の研究成果が新しい版によって社会財として蓄積され、その学者の死後にはその名前を冠した改訂版に至っている例を、哺乳類の総覧では「ウォーカーの哺乳類の世界」に、日本の解剖学では藤田恒太郎の「人体解剖学」に見ることができる。この「ヒューマン・キャリアー」もそういう方向へ向かう本だと、私は思っている。

(9)「Human revolution」を「現代人革命」と訳したが、これは後期旧石器文化あるいはオーリニャック文化と同じものである。この文化はそれまでの中期旧石器文化とは、石器の小型化、細工の精密化、骨、角、歯などの新素材を道具に使うこと、装飾品、漁労という新しい活動が現れることで特徴づけられる。

(10) ホモ・サピエンスとホモ・エレクトゥスとの間の中間的な形質のヒト属をどう呼ぶかということで、現在なお、いろいろなヒト属の種名が提案されている。そのひとつの提案に、古代型ホモ・サピエンスがある。この呼び名ではホモ・サピエンスという種の名称のなかに、いろいろな変異をまとめておけるという操作上の便利さはあるけれど、現代人はどう呼べばいいのか、という問題が起こる。そこでセンス・ストリクト（「厳密な意味で」というラテン語）を付け加えて、現代人を限定したのである。

(11) 人類学の論争の中で、現代人の起原をどこにおくのかという論争ほど、二〇世紀末に派手だった論争はなかったが、二一世紀になると同時に、アフリカ起原説の圧勝となって終息した。その論争はごく最近のものだったために、論点の具体的な問題が明らかにされ、面白かったけれど、今となっては取り上げてもしようがない。

(12) 現代人特有の咽頭の位置と構造は、直立二足歩行によって獲得されたという見解もある。「話し言葉を可能にした広い咽頭領域、つまり声道の成立の契機となったのは、直立二足歩行である」(奈良、二〇〇三、一〇四頁)と。これは重要な形質が移動様式ごときに影響されると考える誤りだと私は考えている。

(13) オーストラリアへの人類の移住がいつ始まったのかについては、いろいろな意見があった。その中には、時代を非常に古く見積もって、オーストラリアから現代人が始まったのだと言わんばかりの主張もあった。その根拠のひとつがムンゴ湖の遺跡から出土した人骨で、もっとも古いものは六万二〇〇〇年前とされてきたが、最近の研究によれば、その年代はほぼ五万年前のようである (Bowler, *et al.*, 二〇〇三)。

引用・参考文献

[本論]

・赤堀英三、一九八一、『中国原人雑考』、六興出版
・Bellomo, R.V., 1994. Methods of determining early hominid behavioral activities associated with the controlled use of fire at FxJj 20 Main, Koobi Fora, Kenya. In Oliver, J. S., Sikes,N. C.& Stewart, K.W.,eds., *Early hominid behavioral ecology*. pp.173-195. Academic Press, London.
・Binford, L. R. and Ho. C.K., 1985. Taphonomy at a distance: Zhoukoudian, “The cave home of Beijing man”? *Current Anthropology* 26:413-442.
・Binford, L. R. and Stone N. M.. 1986. Zhoukoudian: a closer look. *Current Anthropology* 27: 453-475.
・ボルド、F.、一九七一、芹沢長介・林健作訳、『旧石器時代』、平凡社
・Bowler, J.M., Johnston, H., Olley, J.M., Prescott, J.R., Roberts, G. R., Shawcross, W. & Spooner, N.A., 2003. New ages for human occupation and climatic change at Lake Mungo, Australia. *Nature* 421:837-840.
・Cann, R. L., Stoneking, M. and Wilson, A. C., 1987. Mitochondorial DNA and human evolution. *Nature* 325:31-36.
・Carrier, D. R., 1984. The energetic paradox of human running and hominid evolution. *Current anthropology* 25(4):483-495.
・Clutton-Brock, J. 1992. Domestication of animals. in Jones,S., Martin, R. & Pilbeam, D., eds.,

The Cambridge Encyclopedia of Human Evolution. pp.380-385. Cambridge University Press, Cambridge.

・コーエン、C.、菅谷暁訳、二〇〇三、『マンモスの運命』、新評論

・ダーウィン、C.（一八四五）、島地威雄訳、一九五九、『ビーグル号航海記上巻』、岩波文庫

・ダーウィン、C.、堀伸夫訳、一九五八、『種の起原（上下）』、槇書店

・Darwin, C., 1859. (6th edition, 1872) *The origin of species*. By means of natural selection, or the preservation of favored races in the struggle for life. (1993, Modern Library Edition, New York).

・ダーウィン、C.、池田次郎・伊谷純一郎訳、一九六七、『世界の名著39　ダーウィン、人類の起原』、中央公論社

・ダーウィン、C.、長谷川眞理子訳、一九九九、『人間の進化と性淘汰　I』、文一総合出版

・Darwin, C., 1871. (2nd edition, 1874). *The descent of man and selection in relation to sex*. New ed. John Murray, London.xix + 955pp.

・江原昭善、一九九三、『人類の起源と進化——人間理解のために』、裳華房

・Fisher, von E., ?. Die Rassenmerkmale des Menschen als Domestikationserscheinungen.（年代、雑誌名不明）

・Gamble, C., 1993. *Timewalkers, The prehistory of global colonization*. Harvard University Press, Cambridge. 309pp.

・グールド、J.、仁木帝都・渡辺政隆訳、一九八八、『個体発生と系統発生』、工作舎

・Hardy, A., 1960. Was man more aquatic in the past? *The New Scientist* 7:642-645.

・ホロビン、D.、金沢泰子訳、二〇〇二、『天才と分裂病の進化論』、新潮社（Horrobin, D., 2001.

The Madness of Adam and Eve. A Corgi book: 0 552 99930 X. Cox & Wyman Ltd, Berkshire. 346pp.)

- 井尻正二、一九九〇、『胎児化の話』、築地書館
- 今泉吉典、一九八八、『世界哺乳類和名辞典』、平凡社
- Isaac, G. L., 1982. Early hominids and fire at Chesowanja, Kenya. *Nature* 296:870.
- 片山一道、一九八七、「現生人類への道」、黒田末寿・片山一道・市川光雄、『人類の起源と進化』、pp. 九五—一八九、有斐閣
- Kittler, R., Kayser, M. and Stoneking, M., 2003. Molecular evolution of *Pediculus humanus* and the origin of clothing. www.current-biology.com
- Klein, R. G., 1989. *The Human career, Human biological and cultural origins*. The University of Chicago Press, Chicago and London. 524pp.
- Klein, R. G., 1999. *Human career, Human biological and cultural origins* (2nd Edition). The University of Chicago Press, Chicago and London. 810pp.
- 児島昭徳、一九八四、「ヌードマウス——その現状と将来」、『ラボラトリーアニマル』1(5):三一—八.
- ランバート、D.、河合雅雄監訳、一九九三、『図説 人類の進化』、平凡社
- Leakey, M.G., Spoor, F., Brown, F. H., Gathogo, P.N., Kiarie, C., Leakey, L.N. & MacDougall, I., 2001. New hominin genus from eastern Africa shows diverse middle Pliocene lineages. *Nature* 410:433-440.
- リマ＝デ＝ファリア、A.、池田清彦監訳、池田正子・法橋登訳、一九九三、『選択なしの進化』、工作舎

・de Lumley, H., Pillard, B. & Pillard, F. 1969. L'habitat et les activités de l'homme du Lazaret. in de Lumely, H., ed., *Une Cabane Acheuléenne dans la Grotte du Lazaret (Nice)*. pp. 183-222. Mémoires de la Société Préhistorique Française 7, Paris.
・MacLarnon, A., 1993. The vertebral canal. in Walker, A. and Leakey, R., eds., *The Nariokotome Homo erectus skeleton*. pp.359-390. Harvard University Press. Cambridge.
・McBrearty, S. and Brooks, A.S., 2000. The revolution that wasn't: a new interpretation of the origin of modern human behavior. *J. of Human Evolution* 39:453-563.
・正高信男、一九九三、『0歳児がことばを獲得するとき――行動学からのアプローチ』、中公新書
・Mellars, P. A., 1996. *The neanderthal legacy*. Princeton University Press, Princeton. 471pp.
・水野正彦監修、一九九四、『標準産科婦人科学』、医学書院
・モーガン、E.、中山善之訳、一九七二、『女の由来』、二見書房
・モーガン、E.、望月弘子訳、一九九九a、『進化の傷あと』、どうぶつ社
・モーガン、E.、望月弘子訳、一九九九b、『人類の起源論争』、どうぶつ社
・モリス、D.、日高敏隆訳、一九六九、『裸のサル』、河出書房新社 (Morris, D., 1967. *The naked ape*. Dell Publishing, New York. 205pp.)
・モリス、D.、中村保男訳、一九九六、『舞い上がったサル』、飛鳥新社
・Napier, J. revised by Tuttle, R. H., 1993. *Hands*. Princeton University Press, Princeton. 180pp.
・奈良貴史、二〇〇三、『ネアンデルタール人類のなぞ』、岩波ジュニア新書
・根井正利、一九九〇、五條堀孝、斎藤成也訳、『分子進化遺伝学』、培風館
・二宮淳一郎、一九九一、『北京原人――その発見と失踪』、新日本出版社

- Ohnuma, K., Aoki, K. and Akazawa, T., 1997. Transmission of tool-making through verbal and non-verbal communication: Preliminary experiments in Levallois flake production. *Anthropol. Sci.105*(3):159-168.
- Robinson, P. T., 1981. The reported use of denning structures by the pigmy hippopotamus *Choeropsis liberiensis. Mammalia* 45:506-508.
- Selmier, V. J., 1983. Bestandsgrossen und Verhalten des Hirschebers (*Babyrousa babyrussa*) aus den Togian-Inseln. *Bongo* 7:51-64.
- シュミット＝ニールセン、K.、下澤楯夫監訳、大原昌宏・浦野知訳、一九九五、『スケーリング：動物設計論』、コロナ社
- Sherman, P. W., Jarvis, J. U. M. & Alexander, R. D., eds., 1991. *The biology of the naked mole-rat*. Princeton University Press, Princeton, 518pp.
- 島泰三、二〇〇三、『親指はなぜ太いのか』、中公新書
- 島泰三、二〇一六、『ヒト――異端のサルの1億年』、中公新書
- Spotila, J. R., Lommen P. W., Bakken, G. S. & Gates, D. M., 1973. A mathematical model for body temperatures of large reptiles: implications for dinosaur ecology. *Am. Nat*. 107:391-404.
- スタントン、D.、平賀秀明訳、二〇〇三、『巡洋艦インディアナポリス号の惨劇』、朝日文庫
- Stoneking, M. and Cann, R. L., 1989. African origin of human mitochondrial DNA. in Mellars, P. and Stringer, C.B., eds., *The human revolution*. pp.17-30. Edinburgh University Press, Edinburgh.
- Stringer, C. B., 1992. Evolution of early humans. in Jones, S., *et al.*, eds., *The Cambridge Encyclopedia of Human Evolution*. pp.241-251. Cambridge University Press, Cambridge.

- Stringer, C. B.,1994. Out of Africa - a personal history. In Nitecki, M. H. and Nitecki, D. V. eds., *Origins of anatomically modern humans*. pp.149-117. Plenum Press, New York.
- Stringer, C. B., 2003. Out of Ethiopia. *Nature* 423:692-695,
- Sukumar, R., 2003. *The living elephants. Evolutionary ecology, behavior, and conservation.* Oxford University Press, New York. 478pp.
- Susman, R. L., 1994. Fossil evidence for early hominid tool use. *Science* 265:1570-1573.
- 諏訪元、二〇〇一、「初期人類における種分化と同所性について」、『進化人類学分科会News letter』No. 2: 三〇—三三.
- Te-K'un, C. and T. Chung, 1985. Comment to Binford and Ho, 1985. *Current anthropology* 26 (4):431.
- Théry, I., Grill, J., Vernet, J. L., Meigenen, L. & Maury, J., 1995. First use of coal. *Nature* 373:480-481.
- Trinkaus, E., 1992. Evolution of human manipulation. in Jones, S., *et al.*, eds., *The Cambridge Encyclopedia of Human Evolution*, pp. 346-349. Cambridge University Press, Cambridge.
- 上山義人・丸尾幸嗣、一九八五、「ヌードマウスの癌研究における利用法」、『ラボラトリーアニマル』2(2): 一六—二一.
- ウォレス、A. R.、宮田彬訳、一九九一、『マレー諸島』、思索社（Wallace, A. R., 1869. *The Malay Archipelago. The land of the orang-utan and the bird of paradise, a narrative of travel with studies of man and nature*. Macmillan and Company, London. 515+ipp.）
- Wallace, A. R., 1889. Darwinism. Macmillan, London.（リマ＝デ＝ファリア、一九九三に引用）

・渡辺仁、一九八一、「竪穴住居の体系的分類、食物採集民の住居生態学的研究（Ⅰ）」、『北方文化研究』14：一―一〇八．
・渡辺仁、一九八五、『ヒトはなぜ立ちあがったか――生態学的仮説と展望』、東京大学出版会
・ワトソン、L．、内田美恵訳、一九八九、『アースワークス――大地のいとなみ』、ちくま文庫
・White, T. D., Asfaw, B., DeGusta, D., Gilbert, H., Richards G. D., Suwa G. & Howell, F. C., 2003. Pleistocen *Homo sapiens* from Middle Awash, Ethiopia. *Nature* 423:742-747.
・Whitehouse, D., 1992. The bald lemur-a primate model for a human genetic disease. in Jones et al., eds., *The Cambridge encyclopedia of human evolution*. pp. 262.Cambridge University Press, Cambridge.
・Whitten, A. J., Mustafa, M. & Henderson, G. S., 1987. *The Ecology of Sulawesi*. Gadjah Mada University Press, Yogyakarta. 777pp.
・Wood. B. A., 1992. Origin and evolution of the genus *Homo*. *Nature* 355:783-790.
・八杉龍一編訳、一九九四、『ダーウィニズム論集』、岩波文庫
・Yu-zhu, Y., 1986. Comment to Binford and Stone, 1986. *Current Anthropology* 27(5):471.

［本論中挿入コラム］

・馬場悠男編、一九九三、『別冊日経サイエンス、特集人類学、現代人はどこからきたか』、日経サイエンス
・馬場悠男、一九九三、「アジア人　モンゴロイドの進化」、馬場編、『別冊日経サイエンス、特集人類学、現代人はどこからきたか』、pp. 一〇―二三、日経サイエンス
・Carrier, D. R., 1984. The energetic paradox of human running and hominid evolution.

Current anthropology 25(4):483-495.
- Gargett, R. H., 1989. Grave shortcomings:the evidence for Neanderthal burial. *Current Anthropology* 30:157-190.
- Lofts, M. J., 1995. A theory of dihybrid origins for non-african human races. *Human evolution* 10(2):145-151.
- Nitecki, M. H. and Nitecki, D. V., eds., 1994. *Origins of anatomically modern humans*. Plenum Press, New York. 341pp.
- 鈴木尚、一九七一、『化石サルから日本人まで』、岩波新書
- Nowak, R. M., 1999. *Walker's Mammals of the World*. Sixth Edition. The Johns Hopkins University Press, Baltimore and London. 1936pp.
- Weidenreich, F. K., 1943. The skull of *Sinanthropus* pekinensis. a comparative study on a primitive hominid skull. *Paleontologia Sinica, neue Serie D*, 10:1-485.
- Weidenreich, F. K., 1947. The trend of human evolution. *Evolution* 1:221-226.
- Wolpoff, M. H., 1989. Multiregional evolution: The fossil alternative to Eden. in Mellars, P. and Stringer, C. B., eds., *The human revolution*. pp.62-108. Edinburgh University Press, Edinburgh.

[あとがき]
- Harding, R. M., Healy, E., Ray, A. J., Ellis, N. S., Flanagan, N., Todd, C., Dixon, C., Sajantila, A., Jackson, I. J., Birch-Machin, M. A. and Rees, J. L., 2000. Evidence for variable selective pressures at MC1R. *Am. J. Hum. Genet.* 66:1351-1361.

・Hublin, J-J., *et al.*, 2017. New fossils from Jebel Irhoud, Morocco and the pan-African origin of *Homo sapiens. Nature* 546:289-292.

・Kittller, R., Kayser, M. and Stoneking, M., 2004. Erratum. Molecular evolution of *Pediculus humanus* and the Origin of Clothing. *Current Biology* 14(24):2309.

・Light, J. E. and Reed, D. L., 2009. Multigene analysis of phylogenetic relationships and divergence times of primate sucking lice (Phthiraptera: Anoplura). *Molecular Phylogenetics and Evolution* 50(2):376-390.

・パヴロフ、イワン・ペトローヴィッチ、川村浩訳、一九七五、『大脳半球の働きについて――条件反射学』、岩波文庫

・Rogers, A. R., Iltis, D. and Wooding, S., 2004. Genetic variation at the MC1R locus and the time since loss of human body hair. ©2004 by The Wenner-Gren Foundation for Anthropological Research. All rights reserved 0011-3204/2004/4501-0006$1.00

・島　泰三、二〇一六、『ヒト――異端のサルの1億年』、中公新書

・Toups, M.A., Kitchen, A., Light, J. E., and Reed, D. L., 2010. Origin of clothing lice indicates early clothing use by anatomically modern humans in Africa. *Mol. Biol. Evol.* 28(1):29-32. 2011. Advance Accesss publication September 7, 2010.

・山極寿一・尾本恵市、二〇一七、『日本の人類学』、ちくま新書

but sometimes, as with the male mandrill and female rhesus, much more vividly in the one sex than in the other, especially during the breeding-season, I am informed by Mr. Bartlett that, as these animals gradually reach maturity, the naked surfaces grow larger compared with the size of their bodies. The hair, however, appears to have been removed, not for the sake of nudity, but that the colour of the skin may be more fully displayed. So again with many birds, it appears as if the head and neck had been divested of feathers through sexual selection, to exhibit the brightly-coloured skin.

資料2

チャールズ・ダーウィン『人類の起原』の関連箇所の原文
(1874年の第二版による)
Chapter XX Secondary sexual characters of Man-continued
pp.915-916.

Absence of Hair on the Body, and its Development on the Face and Head. - From the presence of the woolly hair or lanugo on the human foetus, and of rudimentary hairs scattered over the body during maturity, we may infer that man is descended from some animal which was born hairy and remained so during life. The loss of hair is an inconvenience and probably an injury to man, even in a hot climate, for he is thus exposed to the scorching of the sun, and to sudden chills, especially during wet weather. As Mr. Wallace remarks, the natives in all countries are glad to protect their naked backs and shoulders with some slight covering. No one supposes that the nakedness of the skin is any direct advantage to man; his body therefore cannot have been divested of hair through natural selection. Nor, as shewn in a former chapter, have we any evidence that this can be due to the direct action of climate, or that it is the result of correlated development.

The absence of hair on the body is to a certain extent a secondary sexual character; for in all parts of the world women are less hairy than men. Therefore we may reasonably suspect that this character has been gained through sexual selection. We know that the faces of several species of monkeys, and large surfaces at the posterior end of the body of other species, have been denuded of hair; and this we may safely attribute to sexual selection, for these surfaces are not only vividly coloured,

protected from the heat of the sun. The crown of the head, however, offers a curious exception, for at all times it must have been one of the most exposed parts, yet it is thickly clothed with hair. The fact, however, that the other members of the order of Primates, to which man belongs, although inhabiting various hot regions, are well clothed with hair, generally thickest on the upper surface, is opposed to the supposition that man became naked through the action of the sun. Mr. Belt believes that within the tropics it is an advantage to man to be destitute of hair, as he is thus enabled to free himself of the multitude of ticks (acari) and other parasites, with which he is often infested, and which sometimes cause ulceration. But whether this evil is of sufficient magnitude to have led to the denudation of his body through natural selection, may be doubted, since none of the many quadrupeds inhabiting the tropics have, as far as I know, acquired any specialized means of relief. The view which seems to me the most probable is that man, or rather primarily woman, became divested of hair for ornamental purposes, as we shall see under Sexual Selection; and, according to this belief, it is not surprising that man should differ so greatly in hairiness from all other Primates, for characters, gained through sexual selection, often differ to an extraordinary degree in closely related forms.

資料 1

チャールズ・ダーウィン『人類の起原』(Darwin, C., 1874. *The descent of man and selection in relation to sex*. 2nd edition. John Murray, London. xix+955pp.) の関連箇所の原文 (1874年の第二版による)

Chapter Ⅱ.

On the manner of development of man from some lower form pp.85-87.

Another most conspicuous difference between man and the lower animals is the nakedness of his skin. Whales and porpoises (Cetacea), dugongs (Sirenia) and the hippopotamus are naked; and this may be advantageous to them for gliding through the water; nor would it be injurious to them from the loss of warmth, as the species, which inhabit the colder regions, are protected by a thick layer of blubber, serving the same purpose as the fur of seals and otters. Elephants and rhinoceroses are almost hairless; and as certain extinct species, which formerly lived under an Arctic climate, were covered with long wool or hair, it would almost appear as if the existing species of both genera had lost their hairy covering from exposure to heat. This appears the more probable, as the elephants in India which live on elevated and cool districts are more hairy than those on the lowlands. May we then infer that man became divested of hair from having aboriginally inhabited some tropical land? That the hair is chiefly retained in the male sex on the chest and face, and in both sexes at the junction of all four limbs with the trunk, favours this inference-on the assumption that the hair was lost before man became erect; for the parts which now retain most hair would then have been most

本書の原本は二〇〇四年に木楽舎から刊行されました。

島　泰三（しま　たいぞう）

1946年生まれ。東京大学理学部人類学教室卒業。日本野生生物研究センター主任研究員，ニホンザルの生息地保護管理調査団主任調査員などを経て，現在，日本アイアイ・ファンド代表。理学博士。アイアイの保護活動への貢献によりマダガスカル国第５等勲位「シュバリエ」を受ける。著書に『アイアイの謎』『親指はなぜ太いのか』『ヒト』『なぞのサル　アイアイ』『サルの社会とヒトの社会』など。

講談社学術文庫

定価はカバーに表示してあります。

はだかの起原《きげん》

不適者《ふてきしゃ》は生《い》きのびる

島《しま》　泰三《たいぞう》

2018年５月10日　第１刷発行

発行者　渡瀬昌彦
発行所　株式会社講談社
東京都文京区音羽 2-12-21 〒112-8001
電話　編集（03）5395-3512
販売（03）5395-4415
業務（03）5395-3615
装　幀　蟹江征治
印　刷　豊国印刷株式会社
製　本　株式会社国宝社
本文データ制作　講談社デジタル製作

ISBN978-4-06-511641-8

「講談社学術文庫」の刊行に当たって

これは、学術をポケットに入れることをモットーとして生まれた文庫である。学術は少年の心を養い、成年の心を満たす。その学術がポケットにはいる形で、万人のものになることは、生涯教育をうたう現代の理想である。

こうした考え方は、学術を巨大な城のように見る世間の常識に反するかもしれない。また、一部の人たちからは、学術の権威をおとすものと非難されるかもしれない。しかし、それはいずれも学術の新しい在り方を解しないものといわざるをえない。

学術は、まず魔術への挑戦から始まった。やがて、いわゆる常識をつぎつぎに改めていった。学術の権威は、幾百年、幾千年にわたる、苦しい戦いの成果である。こうしてきずきあげられた城が、一見して近づきがたいものにうつるのは、そのためである。しかし、学術の権威を、その形の上だけで判断してはならない。その生成のあとをかえりみれば、その根は常に人々の生活の中にあった。学術が大きな力たりうるのはそのためであって、生活をはなれた学術は、どこにもない。

開かれた社会といわれる現代にとって、これはまったく自明である。生活と学術との間に、もし距離があるとすれば、何をおいてもこれを埋めねばならない。もしこの距離が形の上の迷信からきているとすれば、その迷信をうち破らねばならぬ。

学術文庫は、内外の迷信を打破し、学術のために新しい天地をひらく意図をもって生まれた。文庫という小さい形と、学術という壮大な城とが、完全に両立するためには、なおいくらかの時を必要とするであろう。しかし、学術をポケットにした社会が、人間の生活にとってより豊かな社会であることは、たしかである。そうした社会の実現のために、文庫の世界に新しいジャンルを加えることができれば幸いである。

一九七六年六月

野間省一

自然科学

生命の劇場
J・v・ユクスキュル著／入江重吉・寺井俊正訳

ダーウィニズムと機械論的自然観に覆われていた二〇世紀初頭、人間中心の世界観を退けて、著者が提唱した「環世界」とは何か。その後の動物行動学や哲学、生命論に影響を及ぼした、今も新鮮な生物学の古典。

2098

暗号 情報セキュリティの技術と歴史
辻井重男著

情報化社会の爆発的発展で、暗号の役割は軍事・外交の「秘匿」から「認証」へと一変した。情報セキュリティを担う現代暗号の特性とは？　暗号の歴史と倫理、その技術基盤のすべてが平易にわかる格好の入門書。

2114

時空のゆがみとブラックホール
江里口良治著

宇宙空間ではなぜ時空がゆがみ、ブラックホールが生じるのか。理論的研究の段階から観測の対象になりつつある「奇妙な天体」の種類や形成過程と研究史を、相対性理論とのかかわりを軸にわかりやすく解説。

2126

ヒトはなぜ眠るのか
井上昌次郎著

進化の過程で睡眠は大きく変化した。肥大した脳は、ノンレム睡眠を要求する。睡眠はなぜ快いのか？　子供の快眠と老人の不眠、睡眠と冬眠の違い、短眠者と長眠者の謎……。最先端の脳科学で迫る睡眠学入門！

2131

地形からみた歴史 古代景観を復原する
日下雅義著

「地震」「水害」「火山」「台風」……。自然と人間によって、大地は姿を変える。「津」「大溝」「池」……。『記紀』『万葉集』に登場する古日本の姿を、航空写真、地形図、遺跡、資料を突合せ、精確に復原する。

2143

地下水と地形の科学 水文学入門
榧根　勇著

三次元空間を時間とともに変化する四次元現象である地下水流動を可視化する水文学。地下水の容器としての不均質で複雑な地形と地質を解明した地下水学は、環境問題にも取り組み、自然と人間の関係を探究する。

2158

自然科学

数学の考え方
矢野健太郎著（解説・茂木健一郎）
数学とは人類の経験の集積である。ものの見方、考え方の歴史としてその道程を振り返るとき、眼前には見たことのない「風景」が広がるだろう。数えることから現代数学までを鮮やかにつなぐ、数学入門の金字塔。
2315

イヌ どのようにして人間の友になったか
J・C・マクローリン著・画／澤﨑　坦訳（解説・今泉吉晴）
アメリカの動物学者でありイラストレーターでもある著者が、人類とオオカミの子孫が友として同盟を結ぶまでの進化の過程を、一〇〇点以上のイラストと科学的推理をまじえてやさしく物語る。犬好き必読の一冊。
2346

科学社会学の理論
松本三和夫著
福島原発事故以降、注目を集める科学社会学。その第一人者が地球環境問題、原子力開発を例に、私たちが科学技術と正しく付き合う拠り所を探る。深刻なリスクと隣り合わせの現代社会を生きるための必携書。
2356

天才数学者はこう解いた、こう生きた 方程式四千年の歴史
木村俊一著
ピタゴラス、アルキメデス、デカルト……天才の発想と生涯に仰天！　古代バビロニアの60進法からヒルベルトの「二〇世紀中に解かれるべき二三の問題」まで、数学史四千年を一気に読みぬく痛快無比の数学入門。
2360

人間の由来（上）（下）
チャールズ・ダーウィン著／長谷川眞理子訳・解説
『種の起源』から十年余、ダーウィンは初めて人間の由来と進化を本格的に扱った。昆虫、魚、両生類、爬虫類、鳥、哺乳類から人間への進化を「性淘汰」で説明。我々はいかにして「下等動物」から生まれたのか。
2370・2371

星界の報告
ガリレオ・ガリレイ著／伊藤和行訳
月の表面、天の川、木星……。ガリレオにしか作れなかった高倍率の望遠鏡に、宇宙は新たな姿を見せた。その衝撃は、伝統的な宇宙観の破壊をもたらすことになる。人類初の詳細な天体観測の記録が待望の新訳！
2410

《講談社学術文庫　既刊より》